工业机器人技能教育全国重点推荐教材

National Key Recommended Textbooks for Industrial Robot Skills Education

INDUSTRIAL

PROGRAMMING AND APPLICATION

工业机器人编程与应用

基础理论教学　　强化实际练习　　结合实例讲解　　教学工作页

东莞市模具（国际）职业教育集团◎编

中国农业大学出版社

CHINA AGRICULTURAL UNIVERSITY PRESS

图书在版编目（CIP）数据

工业机器人编程与应用 / 东莞市模具（国际）职业

教育集团编 . -- 北京：中国农业大学出版社，2019. 11

ISBN 978-7-5655-2249-9

Ⅰ . ①工… Ⅱ . ①东… Ⅲ . ①工业机器人—程序设计

—高等职业教育—教材 Ⅳ . ① TP242. 2

中国版本图书馆 CIP 数据核字（2019）第 176441 号

书　　名	工业机器人编程与应用		
作　　者	东莞市模具（国际）职业教育集团　编		

策划编辑	刘耀华　张　玉	责任编辑	张　玉
封面设计	潇湘文化		
出版发行	中国农业大学出版社		
社　　址	北京市海淀区学清路甲 38 号	邮政编码	100193
电　　话	发行部 010-62733489，1190	读者服务部	010-62732336
	编辑部 010-62732617，2618	出　版　部	010-62733440
网　　址	http://www.caupress.cn	E-mail	cbsszs@cau.edu.cn
经　　销	新华书店		
印　　刷	东莞市比比印刷有限公司		
版　　次	2019 年 11 月第 1 版	2019 年 11 月第 1 次印刷	
规　　格	889×1194　　16 开本	13.75 印张　　430 千字	
定　　价	58.00 元		

前　言

　　随着机械技术、电子技术、控制理论的快速发展，工业机器人从出现到现在的短短几十年时间中，已经广泛被应用于国民经济的各个领域，成为现代工业生产不可缺少的好帮手，在提高产品质量、加速产品更新、促进制造业的精密化、增强产品的竞争力等方面发挥着越来越重要的作用。

　　本教材是由东莞市模具（国际）职业教育集团编写，集团在全体成员单位中进行资源整合，将企业的实际生产作为案例。定位于工业机器人技术的初学者，从一个工业机器人技术的初学者的角度出发，依据项目式教学法的要求组织内容，按照任务驱动教学模式要求编写。在编写过程中，既注重基础理论教学，以应用为目的，以必需、够用为度；又注重突出理论与实践相结合，强化实际练习，强调培养学生的仪器使用方法。合理安排知识点，并结合实例讲解，让学生在短时间内对工业机器人有一个系统的、全面的了解，对工业机器人的操作有一定的了解，并学会对工业机器人的基本操作。

　　全书共五个章节，各相关专业可以根据实际情况决定内容的取舍。

　　由于编写过程中无法考虑全面，若在书籍使用过程中有所错漏的地方，恳请各位师生和相关人士批评指正。

编者

2019 年 3 月

目录
Contents

第五章 典型实操项目训练 / 154

附 录 / 207

「第一章」

用电安全培训

⚙ 电的危险性

播放触电视频，让学生充分了解安全操作的重要性。

视频：《安全用电宣传动画》——推荐使用优酷视频在线观看，时长 17 分 56 秒。

参考链接：

https://v.youku.com/v_show/id_XMzM5NTIzMjUyOA==.html?spm=a2h0k.11417342.soresults.dtitle

课堂知识回顾

叙述题

1. 简单说说你在刚才观看视频的过程中，看到的违规用电行为有哪些。

_____

_____

_____

_____

_____

_____

_____

2. 刚才的视频中介绍了哪些避免触电的措施？

_____

_____

_____

_____

_____

_____

_____

3. 当实际的生产生活中遇到触电的情况时，你该采取何种措施进行应对？

_____

_____

_____

_____

_____

_____

_____

⚙ 实训室用电安全操作规程

（1）学生进入实训室后应保持实验室干净、整洁，不准携带任何食品、饮料进入实训室。

（2）实训室内不得乱扔杂物、纸屑，不得大声喧哗，严禁吸烟。

（3）按指定座位就坐，服从指导教师和实验室管理人员安排。

（4）使用实验设备时，应保持设备和手部干燥，避免用锋利物品刮蹭实验台，认真按照操作规程的要求进行实训，对故意损坏设备者加倍处罚。

（5）实验要严格按照实践指导等有关要求进行，不得随意连接电路；按需取用实验元件，插拔集成器件和连接线时应轻拿轻放，严禁粗暴操作。

（6）接线时关掉相应实验面板电源开关，接线完毕经认真检查确认无误后方可通电，通电时要随时注意观察实验设备及元件状态，如出现问题应马上断电，强电实验尤其应注意安全。

（7）凡进入实训室做实验、实训、实习等的学生，应带教材、实习记录本、电工工具等，穿戴好绝缘防护用品。

（8）实验完成后应关闭电源开关，并把领取的实验元件交回，将取出的该实验台附属实验器材放回原处，不得擅自拿走公物。

（9）爱护公物，爱惜仪器，节约用电，不要随便摆弄与实验无关的仪器。

（10）实验完毕，整理有关仪器和设备。关断电源，搞好实验室的卫生，关好门窗。

（11）严格执行实训室设备使用登记制度，凡进入实训室做实验、实训、实习等的教师要认真填写教学日志。

（12）实训室管理人员要定期对实训装置进行维护，以确保设备的正常使用。

（13）任课教师为实训室的第一责任人，所有人员必须服从任课教师安排。

（14）每次上课之前，任课教师要先到班级教室，再带领学生去实训室。去实训室期间要注意班级队伍排列整齐，不得出现队伍散漫现象，如发生班级纪律问题，则回教室接受纪律教育，整顿合格后方可进入实训室进行操作。

课堂知识回顾

一、判断题

1. 学生可以携带食品、饮料进入实训室。 （ ）

2. 在实训室内，可以大声说话，但不能吸烟。 （ ）

3. 在实训室内，可以任意选择座位就坐。 （ ）

4. 使用实验设备时，应保持设备和手部干燥，避免用锋利物品刮蹭实验台，认真按照操作规程的要求进行实训。 （ ）

5. 开展实验要严格按照实践指导等有关要求进行，不得随意连接电路；按需取用实验元件，插拔集成器件和连接线时应轻拿轻放，严禁粗暴操作。 （ ）

6. 实训室管理人员要定期对实训装置进行维护，以确保设备的正常使用。 （ ）

7. 接线时关掉相应实验面板电源开关，接线完毕可直接通电，通电时要随时注意观察实验设备及元件状态，如出现问题应马上断电，强电实验尤其应注意安全。 （ ）

8. 同学完成实验后应关闭电源开关，并把领取的实验元件交回，将取出的该实验台附属实验器材直接放在实验台上，不得擅自拿走公物。 （ ）

9. 爱护公物，爱惜仪器，勤俭用电，不要随便摆弄与实验无关的仪器。 （ ）

10. 实验完毕，关断电源，直接走人。 （ ）

11. 严格执行实训室设备使用登记制度，凡进入实训室做实验、实训、实习等的教师要认真填写教学日志。 （ ）

12. 凡进入实训室做实验、实训、实习等的学生，应带教材、实习记录本、电工工具等，穿好绝缘防护用品。 （ ）

13. 任课教师为实训室的第一责任人，所有人员必须服从任课教师安排。 （ ）

14. 每次上课之前，不用排队，直接进入实验室。 （ ）

二、填空题

1. 使用实验设备时，应保持设备和手部干燥，避免用锋利物品刮蹭实验台，认真按照_____的要求进行实训，对故意损坏设备者加倍处罚。

2. 开展实验要严格按照_____等有关要求进行，不得随意连接电路；按需取用实验元件，插拔集成器件和连接线时应轻拿轻放，严禁粗暴操作。

3. 接线时关掉相应实验面板的_____，接线完毕经认真检查无误后方可通电，通电时要随时注意观察实验设备及元件状态，如出现问题应马上断电，强电实验尤其应注意安全。

4. 实验完毕，整理有关_____。关断电源，打扫实验室的卫生，关好门窗。

5. 实训室管理人员要定期对实训装置进行_____，以确保设备的正常使用。

6. 实验完成后应关闭电源开关，并把领取的实验元件交回，将取出的该实验台附属实验器材放回_____，不得擅自拿走公物。

7. 严格执行实训室设备使用_____制度，凡进入实训室做实验、实训、实习等的教师要认真填写教学日志。

8. 在实训室里，任课教师为实训室的第一责任人，所有人员必须服从_____的安排。

9. 按指定_____就坐，服从指导教师和实训室管理人员安排。

10. 每次上课之前，任课老师要先到班级带学生去实训室，学生要_____，要注意班级队伍的排列整齐，不得出现队伍散漫现象，如发生班级纪律问题，则回教室接受纪律教育，整顿合格后方可进入实训室进行操作。

电工安全防护用品

一名电工的安全意识是非常重要的。电无声无息，往往一个不当心，就有可能触电。后果轻的，可能留下伤疤，疼痛；后果严重的，会因电火花造成大面积烧伤，甚至昏迷、休克。在一些特定场合，像高压线架设在高空中，万一触电，很可能会出现二次伤害。所以进行防护很重要。下面谈一些低压环境选择的安全防护用品。

①绝缘鞋：采用行业标准《保护足趾安全鞋》（LD50—1994），保护足趾安全鞋的内衬为钢包头，具有耐静压及抗冲击性能，防刺，防砸，在设备上工作时，作为辅助安全用具和劳动防护用品穿着的皮鞋。

②工作服：防止静电积聚。其原理是通过一定的途径尽快传导物体上的静电荷，使其分散或泄漏出去。

③绝缘手套：35kV 及以下带电作业使用。

④绝缘垫：在多用电设备或者高压用电的场合下铺设。

⑤特殊场合使用的防护用品：包括绝缘棒、挂钩接地线、安全帽、防护服等。

课堂知识回顾

一、判断题

1. 工作服的作用是通过一定的途径尽快传导物体上的静电荷，使其分散或泄漏出去。
（　　）

2. 绝缘手套用于 25kV 及以下带电作业使用。　　（　　）

3. 在多用电设备或者高压用电的场合下作业时，应在脚下铺设绝缘垫等物品。
（　　）

4. 绝缘棒、挂钩接地线、安全帽、防护服等物品属于特殊场合使用的防护用品。
（　　）

5. 绝缘鞋的主要功能是防砸，它具有耐静压及抗冲击性能，作为辅助安全用具和劳动防护用品穿着。　　（　　）

二、简答题

简单说说低压环境下可选用的电工防护用品有哪些，并介绍其功能。

_____

_____

_____

_____

_____

_____

_____

如何应对触电事故

● 当心触电

现场救治必须争分夺秒，首要工作是切断电源。根据触电现场的环境和条件，采取最安全而又最迅速的办法切断电源或使触电者脱离电源。常用方法有关闭电源、挑开电线等。

（1）关闭电源。若触电发生在家中或开关附近，迅速关闭电源开关、拉开电源总闸刀是最简单、最安全而有效的方法。

（2）挑开电线。用干燥木棒、竹竿等将电线从触电者身上挑开，并将此电线固定好，避免他人触电。

（3）斩断电路。若在野外或远离电源开关的地方，尤其是雨天，不便接近触电者去挑开电源线时，可在现场20m以外用绝缘钳子或干燥木柄的铁锹、斧头、刀等将电线斩断。

（4）"拉开"触电者。若触电者不幸全身趴在铁壳机器上，抢救者可在自己脚下垫一块干燥木板或塑料板，用干燥绝缘的布条、绳子或用衣服绕成绳条状套在触电者身上将其拉离电源。

在使触电者脱离电源的整个过程中必须防止自身触电，注意以下几点：①必须严格保持自己与触电者的绝缘，不直接接触触电者，选用的器材必须有绝缘性能。若对所用器材绝缘性能无把握，则操作时在脚下垫干燥木块、厚塑料块等绝缘物品，使自己与大地绝缘。②在下雨天野外抢救触电者时，一切原先有绝缘性的器材都因淋湿而失去绝缘性能，因此更需注意。③野外高压电线触电，注意跨步电压的可能性并予以防止，最好是选择在20m以外切断电源；确实需要进出危险地带时，须保证单脚着地的跨跳步进出，绝对不许双脚同时着地。

课堂知识回顾

一、判断题

1. 工作服的作用是通过一定的途径尽快传导物体上的静电荷，使其分散或泄漏出去。
（　　）

2. 绝缘手套用于 25kV 及以下带电作业使用。 （　　）

3. 在多用电设备，或者高压用电的场合下作业时，应铺设绝缘垫等物品在脚下。
（　　）

4. 在不便接近触电者去挑开电源线时，可在现场 20m 以外用绝缘钳子或干燥木柄的铁锹、斧头、刀等将电线斩断。 （　　）

5. 若触电发生在家中或开关附近，迅速关闭电源开关、拉开电源总闸刀是最简单、最安全而有效的方法。 （　　）

6. 在抢救触电人员的过程中，要用干燥木棒、竹竿等将电线从触电者身上挑开，并将此电线固定好，避免他人触电。 （　　）

7. 若触电者不幸全身趴在铁壳机器上，抢救者可在自己脚下垫一块金属板，用干燥绝缘的布条、绳子或用衣服绕成绳条状套在触电者身上将其拉离电源。 （　　）

8. 在使触电者脱离电源的整个过程中必须防止自身触电，必须严格保持自己与触电者的绝缘，不直接接触触电者，选用的器材必须有绝缘性能。 （　　）

9. 可用被雨水打湿的木棍挑开触电者。 （　　）

10. 野外高压电线触电，注意跨步电压的可能性并予以防止，最好是选择在 20m 以外切断电源；确实需要进出危险地带，需保证以双脚着地的跨跳步进出。 （　　）

二、简答题

1. 根据触电现场的环境和条件，及最安全而又最迅速的原则，切断电源或使触电者脱离电源的方法有哪些？怎样实施抢救？

_____

_____

_____

_____

_____

2. 在使触电者脱离电源的整个过程中，应注意哪些方面防止自身触电？

_____

_____

_____

_____

_____

_____

_____

⚒ 触电急救

一、当触电者脱离电源后，对其进行观察，然后决定处理方式

（1）如触电伤员神志清醒，应使其就地躺平，严密观察，暂时不要站立或走动。

（2）如触电伤员神志不清，应使其就地仰面躺平，且确保气道畅通，并用 5s 时间呼叫伤员或轻拍其肩部，以判定伤员是否意识丧失。禁止摇动伤员头部呼叫伤员。

（3）对需要抢救的伤员，应立即就地进行正确抢救，并设法联系医疗部门接替救治。

（4）呼吸、心跳情况的判定。触电伤员如意识丧失，应在 10s 内用看、听、试的方法判定伤员呼吸、心跳情况。看——看伤员的胸部、腹部有无起伏动作；听——用耳贴近伤员的口鼻处，听有无呼气声音；试——试测口鼻有无呼气的气流，再用两手指轻试一侧（左或右）喉结旁凹陷处的颈动脉有无搏动。若看、听、试结果，既无呼吸又无颈动脉搏动，可判定呼吸心跳停止。

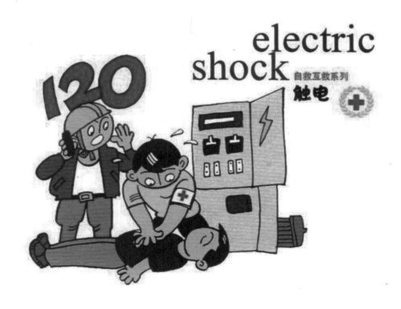

二、现场急救

触电伤员呼吸和心跳均停止时，应立即按心肺复苏法支持生命的三项基本措施，正确进行就地抢救。

（一）人工呼吸（触电者无呼吸时）

（1）通畅气道：触电伤员呼吸停止时，重要的是始终确保气道通畅。如发现伤员口内有异物，可将其身体及头部同时侧转，迅速用一根手指或用两根手指交叉从口角处插入，取出异物，操作中要注意防止将异物推到咽喉深部。通畅气道可采用仰头抬颌法：一只手放在触电者前额，另一只手的手指将其下颌骨向上抬起，两手协同使伤员头部后仰，舌根随之抬起，气道即可通畅。严禁用枕头或其他物品垫在伤员头下，头部抬高前倾会加重气道阻塞，且使胸外按压时流向脑部的血液减少，甚至消失。

（2）口对口（鼻）人工呼吸：在保持伤员气道通畅的同时，救护人员用放在伤员额上的手的手指捏住伤员鼻翼，救护人员深吸气后，与伤员口对口紧合，在不漏气的情况下，先连续大口吹气两次，每次 1 ～ 1.5s。两次吹气后试测颈动脉，如仍无搏动，可判断心跳已经停止，要立即同时进行胸外按压。除开始时大口吹气两次外，正常口对口（鼻）人工呼吸的吹气量无须过大，以免引起胃膨胀。吹气和放松时要注意伤员胸部应有起伏的呼吸动作。吹气时如有较大阻力，可能是头部后仰不够，应及时纠正。如触电伤员牙关紧闭，可口对鼻人工呼吸。口对鼻人工呼吸吹气时，要将伤员嘴唇紧闭，防止漏气。

（二）胸外心脏按压（触电者无心跳时）

正确的按压位置是保证胸外按压效果的重要前提。确定正确按压位置的步骤如下。

（1）右手的食指和中指沿触电伤员的右侧肋弓下缘向上，找到肋骨和胸骨接合处的中点。

（2）两手指并齐，中指放在切迹中点（剑突底部），食指平放在胸骨下部。

（3）另一只手的掌根紧挨食指上缘，置于胸骨上，此处即为正确按压位置。

（4）正确的按压姿势是达到胸外按压效果的基本保证。正确的按压姿势是：

①使触电伤员仰面躺在平硬的地方，救护人员立或跪在伤员一侧肩旁，救护人员的两肩位于伤员胸骨正上方，两臂伸直，肘关节固定不屈，两手掌根相叠，手指跷起，不接触伤员胸壁。

②以髋关节为支点，利用上身的重力，垂直将正常成人胸骨压陷 3 ～ 5cm（儿童和瘦弱者酌减）。

③压至要求程度后，立即全部放松，但放松时救护人员的掌根不得离开胸壁。按压必须有效，有效的标志是按压过程中可以触及颈动脉搏动。

操作频率：

胸外按压要以均匀速度进行，每分钟 100 次左右，每次按压和放松的时间相等。

胸外按压与口对口（鼻）人工呼吸同时进行，其节奏为：单人抢救时，每按压 15 次后吹气 2 次（15：2），反复进行；双人抢救时，每按压 5 次后由另一人吹气 1 次（5：1），反复进行。

既无心跳又无呼吸的触电者，需人工呼吸和胸外心脏按压交替进行。

（三）抢救中的再判定

（1）按压吹气 1min 后（相当于单人抢救时做了 4 个 15 ∶ 2 压吹循环），应用看、听、试方法在 5 ～ 7s 时间内完成对伤员呼吸和心跳是否恢复的再判定。

（2）若判定颈动脉已有搏动但无呼吸，则暂停胸外按压，而再进行 2 次口对口人工呼吸，接着每 5s 吹气一次（即每分钟 12 次）。如脉搏和呼吸均未恢复，则继续坚持心肺复苏法抢救。

（3）在抢救过程中，要每隔数分钟再判定一次，每次判定时间均不得超过 5 ～ 7s。在医务人员未接替抢救前，现场抢救人员不得放弃现场抢救。

课堂知识回顾

一、判断题

1.触电伤员神志清醒后，可立即站立或走动，不必保持平躺的姿势和进行严密观察。
（　　）

2.需要抢救的伤员，应在脱离电源后，第一时间就地进行正确抢救，并拨打"120"急救电话。
（　　）

3.触电伤员如神志不清，应平躺，保持呼吸道畅通，并用5s时间，呼叫伤员或轻拍其肩部，以判定伤员是否意识丧失，以此为依据进行判断，进行下一次急救行动。
（　　）

4.触电伤员呼吸停止时，如发现伤员口内有异物，可将其身体及头部平躺，迅速用一根手指或用两根手指交叉从口角处插入，从触电者口中取出异物。
（　　）

5.可以用枕头或其他物品垫在伤员头下，头部抬高前倾，使气道畅通，使胸外按压时血流流向脑部。
（　　）

6.在两次口对口（鼻）人工呼吸吹气后，试测颈动脉仍无搏动，可判断心跳已经停止，要立即同时进行胸外按压。
（　　）

7.触电伤员如牙关紧闭，可口对鼻人工呼吸。口对鼻人工呼吸吹气时，不用使伤员嘴唇紧闭。
（　　）

8.胸外按压要以均匀速度进行，每分钟100次左右，每次按压和放松的时间相等。
（　　）

9.胸外按压与口对口（鼻）人工呼吸同时进行，单人抢救时，每按压15次后吹气2次（15∶2），反复进行。
（　　）

10.在医务人员未接替抢救前，现场抢救人员累了可以暂停抢救的行为，适当休息后再继续。
（　　）

二、填空题

1.触电伤员呼吸和心跳均停止时，应立即按＿＿＿＿＿＿法支持生命体征，正确进行就地抢救。

2.在呼吸、心跳情况的判定过程中，若看、听、试结果，既无呼吸又无颈动脉搏动，可判定呼吸心跳＿＿＿＿＿＿。

3.触电伤员呼吸停止后实施人工措施，重要的是始终确保＿＿＿＿＿＿。

4.在人工呼吸过程中，如两次吹气后试测颈动脉仍无搏动，可判断心跳已经停止，要立即同时进行_____。

5. 触电伤员如牙关紧闭，可口对鼻人工呼吸。口对鼻人工呼吸吹气时，要将伤员_____紧闭，防止漏气。

6. 胸外按压要以均匀速度进行，每分钟_____次左右，每次按压和放松的时间相等。

7. 胸外按压与口对口（鼻）人工呼吸同时进行，其节奏为：单人抢救时，每按压_____次后吹气_____次，反复进行；双人抢救时，每按压_____次后由另一人吹气_____次，反复进行。

8. 除开始时大口吹气两次外，正常口对口（鼻）呼吸的吹气量不需过大，以免引起_____。

9. 按压吹气 1min 后（相当于单人抢救时做了 4 个 15 ∶ 2 压吹循环），应用看、听、试方法在_____时间内完成对伤员呼吸和心跳是否恢复的再判定。

10. 若判定颈动脉已有搏动但无呼吸，则暂停胸外按压，而再进行_____次口对口人工呼吸，接着每_____吹气一次（即每分钟 12 次）。如脉搏和呼吸均未恢复，则继续坚持心肺复苏法抢救。

三、简答题

1. 简单说说如何对触电者呼吸、心跳情况进行判定，并根据判定结果采取下一步的急救行动。

_____
_____
_____
_____
_____
_____
_____
_____

2. 简单介绍对触电者实施人工呼吸的操作流程。

_____
_____
_____

3. 简要说明在触电者无心跳时实施胸外心脏按压的操作流程。

4. 简单说说胸外按压操作频率。

章节学习记录

问题记录

1. 在学习过程中遇到了什么问题？请记录下来。

_____

_____

_____

2. 请分析问题产生的原因，并记录。

_____

_____

_____

3. 如何解决问题？请记录解决问题的方法。

_____

_____

_____

4. 请谈谈解决问题之后的心得体会。

_____

_____

_____

_____

_____

「第二章」

机器人操作安全管理条例

机器人操作安全管理条例

（1）机器人使用人员必须对自己的安全负责。

（2）在生产中一定要注意安全，除了设备上配备安全装置外，操作人员必须遵守安全规则，以防止工伤事故发生。一般应做到：操作前要穿好工作服或紧身衣服，袖口应扎紧，要戴工作帽，女生的头发必须扎起。

（3）机器人使用人员必须对设备的安全负责。

（4）机器人周围区域必须清洁，无油、水及其他杂质等。

（5）机器人是精密的生产工具，其额定工作负载在出厂时是已经决定了的。当我们购买前或使用时，必须考虑其将要搬运对象的重量。

（6）机器人不可受如攀附之类的外力，这样会损伤机器人的硬件，也可能出现人身安全事故。

（7）开机前检查机器人各部分机械是否完好，检查周边相关自动化设备，其配合的位置是否安全，电气柜是否整齐干净，如有飞线、乱线的现象，报告实训老师处理。

（8）机器人断电后，需要等待放电完成才能再次上电，一般间隔 2 ～ 3min。

（9）必须知道机器人控制器和外围控制设备上的紧急停止按钮的位置，准备在紧急情况下使用这些按钮。

（10）必须知道所有会影响机器人移动的开关、传感器和控制信号的位置和状态。

（11）机器人摆动速度可以很快，也就是可以在极短的时间内移动幅度很大。所以操作人员在操作机器人时必须采用较低的速度倍率，保证自身安全。

（12）在按下示教盒上的点动运行键之前要考虑机器人的运动趋势。趋势便是将要移动的方向。

（13）设计机器人的运动轨迹要预先考虑好避让，并确认该线路不受干扰。

（14）自动模式下运行前，必须知道机器人根据所编程序将要执行的全部任务或动作。

（15）永远不要认为机器人没有移动，程序就已经完成，因为这时机器人很有可能正在等待让它继续移动的输入信号。

（16）工作结束后或交接班时，须将用过的物件擦净归位，清理设备各部分的油污或灰尘。按规定时间在应加油的地方加油，并把现场周围打扫干净。

（17）机器人程序的设计人员、机器人系统的设计人员和调试人员、安装人员必须熟悉华数工业机器人的编程方式、系统应用及安装。

⚙ 安全规则

一、试车安全对策

（1）试车时，示教程序、夹具、序列器等各种要素中可能存在设计错误、示教错误、工作错误。因此，进行试车作业时必须进一步提高安全意识。

请注意以下各点：

①首先，确认紧急停止按钮、保持/运行开关等用于停止机器人的按钮、开关、信号的动作。

一旦发生危险情况，若无法停止机器人，将无法阻止事故的发生。

②机器人试车时，首先请将速度超控设定为低速（5%～10%），实施动作的确认。以2～3周期左右，反复进行动作的确认，若发现有问题时，应该立即修正。之后，逐渐提高速度（50%～70%～100%），各以2～3周期，反复做确认动作。

（2）自动运转的安全对策。

①作业开始/结束时，应进行清扫作业，并注意整理整顿。

②作业开始时，应依照核对清单，执行规定的日常检修。

③请在防护栅的出入口，挂上"运转中禁止进入"的牌子。必须贯彻执行此规定。

④自动运转开始时，必须确认防护栅内是否有作业人员。

⑤自动运转开始时，请确认程序号码、步骤号码。操作模式、起动选择状态处于可自动运转的状态。

⑥自动运转开始时，请确认机器人处于可以开始自动运转的位置上。此外，请确认程序号码、步骤号码与机器人的当前位置是否相符。

⑦自动运转开始时，请保持可以立即按下紧急停止按钮的姿势。

⑧请掌握正常情况下机器人的动作路径、动作状况及动作声音等，以便能够判断是否有异常状态。

二、不可使用机器人的场合

机器人不适合以下场合使用：

（1）燃烧的环境；

（2）有爆炸可能的环境；

（3）无线电干扰的环境；

（4）水中或其他液体中；

（5）运送人或动物；

（6）其他。

三、安全操作规程

（一）示教和手动操作机器人

①请勿戴手套操作示教盒。

②在点动操作机器人时要采用较低的速度，以增加对机器人的控制机会。

③在按下示教盘上的点动键之前要考虑到机器人的运动趋势。

④要预先考虑好避让机器人的运动轨迹，并确认该线路不受干涉。

⑤机器人周围区域必须清洁，无油、水及杂质等。

（二）生产运行

①在开机运行前，须知道机器人所执行程序的全部任务。

②须知道所有会左右机器人移动的开关、传感器和控制信号的位置和状态。

③必须知道机器人控制器和外围控制设备上的紧急停止按钮的位置，以备在紧急情况下按这些按钮。

④永远不要认为机器人没有移动就说明其程序已经执行完毕，因为此时机器人很有可能是在等待让它继续移动的输入信号。

课堂知识回顾

一、判断题

1. 机器人拆装人员必须对自己的安全负责。　　　　　　　　　　　　　（　　）

2. 机器人使用人员不用对设备的安全负责，对设备的安全负责是设备维护人员的责任。
　　　　　　　　　　　　　　　　　　　　　　　　　　　　　　　（　　）

3. 在生产中一定要注意安全，操作人员为防止工伤事故发生，一般应做到：操作前要穿好工作服或紧身衣服，袖口应扎紧，要戴工作帽，女生的头发必须扎起。　　（　　）

4. 机器人的额定工作负载在出厂时是已经决定了的，购买前或使用时，不用考虑其将要搬运对象的负荷。　　　　　　　　　　　　　　　　　　　　　　　　　（　　）

5. 机器人断电后，可立即上电。　　　　　　　　　　　　　　　　　　（　　）

6. 机器人周围区域必须清洁，无油、水及其他杂质等。　　　　　　　　（　　）

7. 开机前检查机器人各部分机械是否完好，检查周边相关自动化设备，其配合的位置是否安全，电气柜是否齐整干净，出现意外情况，可以自行处理。　　　　　　（　　）

8. 机器人在运动过程中遇到紧急情况，要立即使用机器人控制器和外围控制设备上的紧急停止按钮。　　　　　　　　　　　　　　　　　　　　　　　　　　　　（　　）

9. 机器人摆动速度可以很快，也就是可以在极短的时间内，移动幅度很大。所以操作人员在操作机器人时可以采用较高的速度倍率，以节省调试的时间。　　　　　　（　　）

10. 工作结束后或交接班时，须将用过的物件擦净归位，清理设备各部分的油污或灰尘。按规定时间在应加油的地方加油，并把现场周围打扫干净。　　　　　　　（　　）

二、填空题

1. 当我们购买机器人前或使用机器人时，必须考虑其将要搬运对象的_____。

2. 机器人断电后，需要等待放电完成才能再次上电，一般间隔_____。

3. 必须知道机器人控制器和外围控制设备上的_____的位置，准备在紧急情况下使用这些按钮。

4. 机器人摆动速度可以很快，也就是可以在极短的时间内，移动幅度很大。所以操作人员在操作机器人时必须采用_____的速度倍率，保证自身安全。

5. 在生产中一定要注意安全，除了在设备配备安全装置外，操作人员必须遵守_____，以防止工伤事故发生。

三、简答题

1. 在生产中，除了在设备上配备安全装置外，操作人员必须遵守安全规则，以防止工伤事故发生，一般应做到哪几个方面？

_____

_____

_____

_____

2. 机器人开机前，要检查机器人哪几个方面的状况？

_____

_____

_____

_____

3. 工作结束后或交接班时，应按照实训室的管理守则，做好哪几个方面的工作后才能离开？

_____

_____

_____

_____

章节学习记录

问题记录

1. 在学习过程中遇到了什么问题？请记录下来。

_____

_____

_____

2. 请分析问题产生的原因，并记录。

_____

_____

_____

3. 如何解决问题？请记录解决问题的方法。

_____

_____

_____

4. 请谈谈解决问题之后的心得体会。

_____

_____

_____

_____

_____

「第三章」

机器人操作作业指导书

机器人操作作业指导书

一、目的

规范操作人员对工业机器人的操作，延长其使用寿命，确保安全生产。

二、范围

适用于操作（及合作企业）电气部、自动化开发部的华数工业机器人。

三、权责

工作人员负责机器人、与其配合的周边设备的正确使用和保养，完成交接班工作及文明生产。

四、作业内容

（一）作业前确认事项

在工业机器人工作前，需先确定搬运工件型号，辨认夹具是否合适，机器人相关的各信号是否正常。

（二）作业步骤

（1）开启相关的气源并观察其压力表的示数是否合适，一般应在 0.4 ～ 0.6MPa。

（2）开启电源开关，这里指的是电气柜的钥匙电源开关，右旋上电。

（3）检查电气柜与示教器上的红色急停按钮是否被按下。若被按下，需将其右旋，使其松开弹起。

（4）待示教器启动完毕，在示教器的正上方有个状态切换钥匙转换开关，先将其往右旋，然后切换到手动 T1 模式，最后将钥匙开关左旋，状态转换完成。

（5）选择合适的坐标模式，轴坐标或直角坐标均可以，先将机械手移到安全位置。（例：移出数控机床）

（6）在示教器上调出变量对话；点击转移到点，将处于安全位置的机器人转移到工作原点。

（7）选择技术人员指定的程序，在手动模式下进行低速（一般速率在 5% 以下）单步运行。这样是为了验证该程序的正确性。

（8）手动模式下如果没有问题，则可切换到自动模式，并转移到工作原点等待工作信号。（若不正常，找相关老师或技术人员处理）

（9）工作结束或换班时，将机器人移到安全位置停机断电，进行一次全面的检查、清理及保养。

（10）明确交接任务及注意事项，并做好文明生产。

（11）操作人员还必须根据自动化生产线的不同，掌握机器人周边设备交互面板的基本操作。（例：数控机床基本操作）

（三）保养作业要求

（1）作业完毕，清理机器人身上的油污或灰尘。

（2）检查电源开关，消除松动及不良隐患。

（3）按照《华数机器人保养建议》严格进行保养。

（4）日常保养完成后，在"机械设备日常点检保养记录表"中做好记录。

（四）安全注意事项

（1）进入车间要穿劳保鞋。

（2）工作操作时，衣袖扣紧。

（3）严禁戴手套作业。

（4）厂牌（校牌）等胸前佩戴物品不得露在工作服外。

课堂知识回顾

一、判断题

1. 规范操作人员对工业机器人的正确操作，延长使用寿命，确保安全生产。 （　　　）

2. 电气柜的钥匙电源开关，左旋上电。 （　　　）

3. 在工业机器人工作前，需先确定电源是否全部断开，确定所有的工具和零件盒子是否准备好，确定工作台是否没有其他的元件，以免弄混。 （　　　）

4. 开启相关的气源后，不用检查气压，直接上电。 （　　　）

5. 机器人断电后，可立即上电。 （　　　）

6. 机器人上电前，不用检查电气柜与示教器上的红色急停按钮是否被按下。 （　　　）

7. 选择合适的坐标模式前，机器人操作员先将机械手移到安全位置。 （　　　）

8. 为了验证该程序的正确性，选择技术人员指定的程序，在自动模式下进行低速运行。 （　　　）

9. 工作结束或换班时，将机器人移到安全位置停机断电。进行一次全面的检查、清理及保养。 （　　　）

10. 在示教器调出变量对话，将处于安全位置的机器人，点击转移到点，将机器人转移到工作原点。 （　　　）

二、填空题

1. 工业机器人在工作前，需先确定电源是否全部_____，确定所有的工具和零件盒子是否准备好，确定工作台是否没有其他的元件，以免弄混。

2. 在机器人上电之前，开启相关的气源并观察其压力表的压力是否合适，一般为_____MPa 至_____MPa。

3. 检查电气柜与示教器上的红色_____是否被按下。若被按下，请将其右旋松开弹起。

4. 待示教器启动完毕，在示教器的正上方有个_____钥匙转换开关，先将其往右旋，然后切换到手动 T1 模式，最后将钥匙开关左旋，状态转换完成。

5. 选择技术人员指定的程序，在_____模式下进行低速（一般速率在 5% 以下）单步运行。这样是为了验证该程序的正确性。

6. 机器人如果在手动模式下工作没问题，则可以将机器人的控制模式切换到_____模式，并转移到工作原点等待工作信号。

7. 工作结束或换班时，将机器人移到_____停机断电，进行一次全面的检查、清理及保养。

三、简答题

1. 在工业机器人工作前，操作人员要做哪些准备检查工作？

_____

_____

_____

_____

_____

_____

_____

2. 在示教器启动完毕后，如何将示教器的状态切换到手动 T1 模式？

_____

_____

_____

_____

_____

_____

_____

3. 选择技术人员指定的程序，如何验证该程序的正确性？

_____

_____

_____

_____

_____

_____

_____

章节学习记录

问题记录

1. 在学习过程中遇到了什么问题？请记录下来。

_____

_____

_____

2. 请分析问题产生的原因，并记录。

_____

_____

_____

3. 如何解决问题？请记录解决问题的方法。

_____

_____

_____

4. 请谈谈解决问题之后的心得体会。

_____

_____

_____

_____

_____

「第四章」

机器人操作工作页

> 岗位介绍

工业机器人操作人员，是主要负责一条自动化流水线控制的操作人员。一般自动化流水线包含的设备有工业机器人、PLC 控制器、多轴数控机床、传送带设备、传感器应用、AGV 寻轨运输车、气动控制和一些非标准设备等。操作人员主要负责维持正常自动化线的持续生产，掌握一些必要的基本操作，无须像维护与调试技术人员那样，掌握自动化生产线的维修以及编程。

> 岗位目标

熟悉工业机器人基本操作，掌握机器人的坐标定位修改和夹具更换。了解周边设备的基本操作：机床面板的基本操作、更换模具以及自动化生产线的基本操作。日常保养、任务确认书以及交接班记录等文案的填写，配合与协助相关部门的本职工作。

> 工作地点

自动化生产线车间。

> 岗位任务

典型任务一：认识机器人基本操作

典型任务二：认识简单的运动指令

典型任务三：认识机器人的 I/O 功能

典型任务四：坐标系标定，三点法和四点法

典型任务五：认识夹具的夹紧与松开

典型任务六：如何夹取已加工完成的工件

典型任务七：夹取工件放至 AGV 小车

典型任务八：从 AGV 小车将工件放至仓库

典型任务一：认识机器人基本操作

学习目标

1. 了解电气柜操作面板使用。
2. 熟悉、掌握机器人示教器的使用方法。
3. 明确机器人的安全使用与维护意识。
4. 在规定时间内完成岗位任务。
5. 学会 HSR-612 型机器人手动对点操作。

工作任务

任务描述：机器人的最基础操作，便是手动操作，这是在自动化生产中必不可少的步骤。现要求同学们（操作员）对机器人硬件有个初步的认知（图 4-1）。了解了硬件之后，通过示教器操作机器人，学会使用示教器手动操作机器人。

操作人员：2 人。

HSR-612 型机器人系统组成。

①机械手 ②连接线缆 ③电控系统 ④ HSpad 示教器

图 4-1 HSpad 和华数机器人连接图

工作流程

工作步骤一：接触实物，认知硬件（0.5h）
工作步骤二：明确方法，实施操作（6.5h）
工作步骤三：评价反馈，总结提高（0.5h）
工作步骤四：学习拓展，技能升华（0.5h）

工作步骤一：接触实物，认知硬件

一、认识 HSR-612 型机器人电气柜面板（图 4-2）

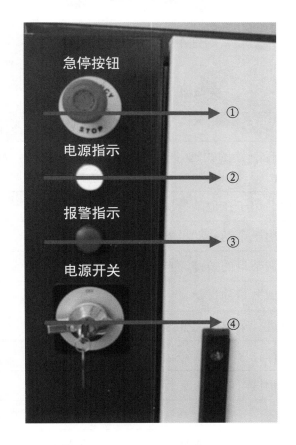

①急停按钮　　②机器人控制柜电源指示　　③系统报警指示灯　　④电源开关

图 4-2　HSR-612 型机器人电气柜面板

二、认识了解 HSR-612 型机器人示教器正面板

（一）示教器正面板（图 4-3、表 4-1）

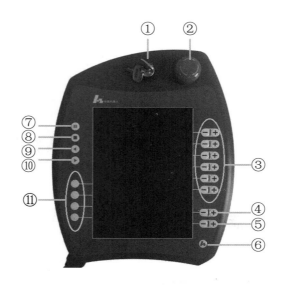

图 4-3　示教器正面板

表 4-1　示教器正面板说明

标签项	说明
①	用于调出连接控制器的钥匙开关。只有插入了钥匙后，状态才可以被转换。转换工作模式
②	紧急停止按键。用于在危险情况下使机器人停机
③	点动运行键。用于手动移动机器人
④	用于设定程序调节量的按键。自动运行倍率调节
⑤	用于设定手动调节量的按键。手动运行倍率调节
⑥	菜单按键。可进行菜单和文件导航器之间的切换
⑦	暂停按键。运行程序时，暂停运行
⑧	停止键。用停止键可停止正运行中的程序
⑨	预留
⑩	开始运行键。在加载程序成功时，点击该按键后开始运行
⑪	辅助按键

（二）示教器背部（图 4-4、表 4-2）

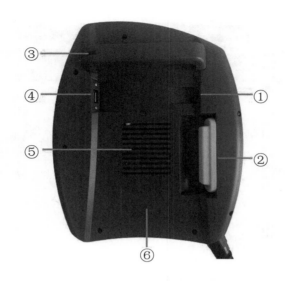

图 4-4　示教器背部

表 4-2　示教器背部说明

标签项	说明
①	调试接口
②	段式安全开关。安全开关有 3 个位置： ● 未按下 ● 中间位置 ● 完全按下 在运行方式手动 T1 或手动 T2 中，确认开关必须保持在中间位置，方可使机器人在采用自动运行模式时，安全开关不起作用
③	HSpad 触摸屏手写笔插槽
④	USB 插口：用于存档 / 还原等操作
⑤	散热口
⑥	HSpad 标签型号粘贴处

三、了解示教器操作界面（图4-5，表4-3）

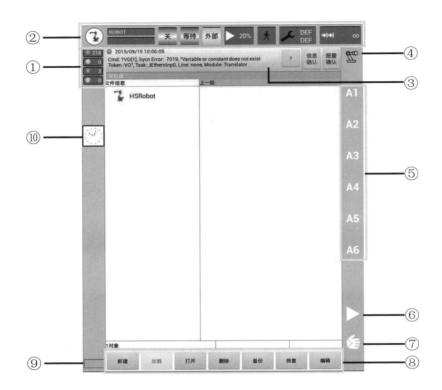

图4-5　示教器操作界面

表4-3　示教器操作界面说明

标签项	说明
①	信息提示计数器： 信息提示计数器显示，提示每种信息类型各有多少条等待处理 触摸信息提示计数器可放大显示
②	状态栏
③	信息窗口： 根据默认设置将只显示最后一个信息提示 触摸信息窗口可显示信息列表。列表中会显示所有待处理的信息。可以被确认的信息可用确认键确认 ● 信息确认键确认所有除错误信息以外的信息 ● 报警确认键确认所有错误信息 ● "？"按键可显示当前信息的详细信息
④	坐标系状态： 触摸该图标就可以显示所有坐标系，并进行选择

续　表

标签项	说明
⑤	点动运行指示： ● 如果选择与轴相关的运行，这里将显示轴号（A1、A2 等） ● 如果选择了笛卡尔式运行，这里将显示坐标系的方向（X、Y、Z、A、B、C） ● 触摸图标会显示运动系统组选择窗口。选择组后，将显示为相应组中所对应的名称
⑥	自动倍率修调图标
⑦	手动倍率修调图标
⑧	操作菜单栏： 用于程序文件的相关操作
⑨	网络状态： ● 红色为网络连接错误，检查网络线路问题 ● 黄色为网络连接成功，但初始化控制器未完成，无法控制机器人运动 ● 绿色为网络初始化成功，HSpad 正常连接控制器，可控制机器人运动
⑩	时钟： 时钟可显示系统时间。点击时钟图标就会以数码形式显示系统时间和当前系统的运行时间

四、了解机器手臂本体（见图 4-6）

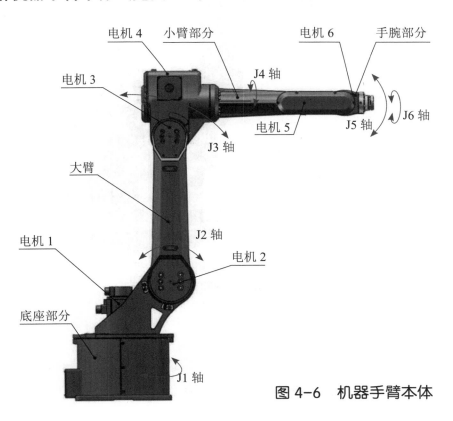

图 4-6　机器手臂本体

工作步骤二：明确方法，实施操作

任务：实现 HSR-612 型机器人的手动控制。

一、手动运行机器人的方式

使用示教器右侧点动运行按键手动操作机器人运动。手动运行机器人分为两种方式：

（1）笛卡尔式运行：TCP 沿着一个坐标系的正向或反向运行。

（2）与轴相关的运行：每个轴均可以独立地正向或反向运行。

机器人各轴的运行方向如图 4-7 所示。

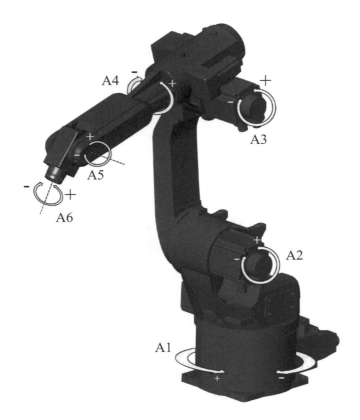

图 4-7　机器人轴的运行方向

二、如何开启机器人电源

在"电气控制柜"面板右旋面板的钥匙电源开关，接通机器人电源。

三、如何使用示教器手动操作机器人运行

（1）示教器开启之后，先打开电气控制柜面板上的急停开关，使能伺服电机。

（2）打开示教器正面板上的急停开关，控制器使能。

（3）观察网络状态是否连接成功（成功为绿色显示），若是其他颜色，请检查示教器与电气控制柜之间的网络线路问题。

（4）右旋面板的钥匙开关，此时触摸屏会切换至图 4-8 界面，然后进行点击选择切换至手动 TI 模式。手动操作机器人运行模式说明见表 4-4。

图 4-8　手动模式界面

表 4-4　手动操作机器人运行模式

运行模式	应用	速度
手动 T1	用于低速测试运行、编程和示教	编程示教：编程运行速度最高 125mm/s 手动运行：手动运行速度最高 125mm/s
手动 T2	用于高速测试运行、编程和示教	编程示教：编程运行速度最高 250mm/s 手动运行：手动运行速度最高 250mm/s
自动模式	用于不带外部控制系统的工业机器人	程序运行速度：程序设置的编程速度 手动运行：禁止手动运行
外部模式	用于带有外部控制系统（例如 PLC）的工业机器人	程序运行速度：程序设置的编程速度 手动运行：禁止手动运行

（5）左旋面板的钥匙开关，触摸屏界面会重新切换回之前的首页，此时界面像图 4-9 一样会显示 T1，这表示将工作于手动 T1 模式。

图 4-9　手动 TI 模式

（6）运行方式选择，使用示教器右侧点动运行按键手动操作机器人运动。手动运行机器人分为两种方式。

①笛卡尔式运行：TCP 沿着一个坐标系的正向或反向运行。

②与轴相关的运行：每个轴均可以独立地正向或反向运行。

机器人各轴的运行正方向如图 4-10 所示。坐标系见图 4-11。

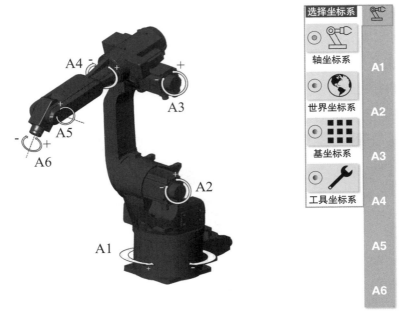

图 4-10　机器人各轴的运行方向　　图 4-11　坐标系选择

（7）手动调节机器人运行速度，手动倍率是手动运行时机器人的速度。它以百分比表示，以机器人在手动运行时的最大可能速度为基准。手动 T1 为 125 mm/s，手动 T2 为 250 mm/s，初次操作机器人要把机器人的速度调低，建议在 5% ～ 10% 之间（图 4-12），避免操作不当发生碰撞。

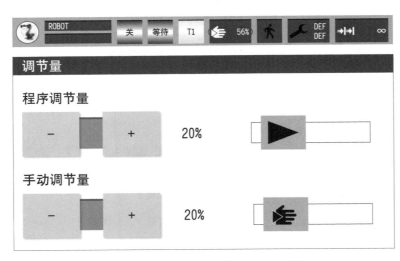

图 4-12　手动调节机器人速度

操作步骤：

①触摸倍率修调状态图标，打开倍率调节量窗口，按下相应按钮或者拖动后倍率将被调节。

②设定所希望的手动倍率。可通过正负键或通过调节器进行设定。正负键：可以以100% 步距、75% 步距、50% 步距、30% 步距、10% 步距、3% 步距、1% 步距进行设定。调节器：倍率可以以1% 步距为单位进行更改。

③重新触摸状态显示手动模式下的倍率修调（或触摸窗口外的区域）。窗口关闭并应用所设定的倍率。

④其他方式，也可使用示教器右侧的手动倍率正负按键来设定倍率。可以以100%、75%、50%、30%、10%、3%、1% 步距进行设定。

若当前为手动模式，状态栏只显示手动倍率修调值，自动模式时显示自动倍率修调值，点击后在窗口中手动倍率修调值和自动倍率修调值均可设置。

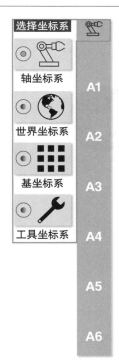

（8）进行轴坐标运动。

前提条件：运行方式手动 T1 或手动 T2。

操作步骤：

①选择运行键的坐标系统为：轴坐标系。运行键旁边会显示 A1—A6，如图 4-13 所示。

②设定手动倍率。

③按住安全开关，此时使能处于打开状态。

④按下正或负运行键，以使机器人轴朝正或反方向运动。

⑤运动时要注意机械手臂周边是否安全，无任何碰撞危险。

图 4-13　进行轴坐标系选择

机器人在运动时的轴坐标位置可以通过如下方法显示：

选择主菜单→显示→实际位置。若显示的是笛卡尔坐标可点击右侧"轴相关"按钮切换。

（9）进行笛卡尔坐标运动。

操作步骤：

①运行方式为手动 T1 或手动 T2，工具和基坐标系已选定。如图 4-14 所示。

②选择运行键的坐标系为：世界坐标系、基坐标系或工具坐标系。

③设定手动倍率。

④运行键旁边会显示以下名称：

X、Y、Z：用于沿选定坐标系的轴进行线性运动；

A、B、C：用于沿选定坐标系的轴进行旋转运动。

⑤按住安全开关，此时使能处于打开状态。

⑥按下正或负运行键，以使机器人朝正或反方向运动。

⑦运动时要注意机械手臂周边是否安全，无任何碰撞危险。

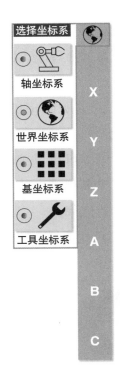

图 4-14　进行笛卡尔坐标运动

机器人在运动时的笛卡尔位置可以通过如下方法显示：

选择主菜单→显示→实际位置。第一次默认当前显示的即为笛卡尔坐标位置，若显示的是轴坐标可点击右侧笛卡尔按钮切换。

工作步骤三：评价反馈，总结提高

活动过程评价表

班级：_____ 姓名：_____ 学号：_____ _____年___月___日

评价项目及标准		配分	等级评定			
			A	B	C	D
学习态度	1. 虚心向师傅学习	10				
	2. 组员的交流、合作融洽	10				
	3. 实践动手操作的主动积极性	10				
操作规范	1. 遵守工作纪律，正确使用工具，注意安全操作	10				
	2. 熟悉电气控制柜正确使用方法	10				
	3. 熟悉示教器面板的操作	10				
	4. 掌握机器人的手动控制	10				
	5. 认识机械手臂各轴的旋转方向	10				
	6. 对实习岗位卫生清洁、工具的整理保管及实习场所卫生清扫情况	10				
完成情况	在规定时间内，能较好地完成所有任务	10				
合计		100				
师傅总评						

等级评定：A：优（10）；B：好（8）；C：一般（6）；D：有待提高（4）

工作步骤四：学习拓展，技能升华

分别在轴坐标和笛卡尔坐标系下手动移动机器人，观察分析机器人是如何移动的，看看两种不同坐标的运动方向和运行轨迹等有何不同。分析这两种移动模式的区别。

典型任务指导书

岗位		
任务名称		
学习目标		
任务内容		
工作流程	任务框架	
	学习过程	
	自我评价	
	师傅评价	

课堂知识回顾

一、填空题

1. HSR-612 型机器人系统组成包括_____、_____、_____和_____。

2. 用于调出_____的钥匙开关。只有插入了钥匙后，状态才可以被转换，转换工作模式。

3. _____按键，用于在危险情况下使机器人停机。

4. _____运行键，用于手动移动机器人。

5. 用于设定程序调节量的按键，自动运行_____调节。

6. 用于设定手动调节量的按键，手动运行_____调节。

7. _____按钮，可进行菜单和文件导航器之间的切换。

8. _____按钮，运行程序时，暂停运行。

9. _____键，用停止键可停止正在运行中的程序。

10. 开始运行键。在加载程序成功时，点击该按键后开始运行。

11. 在示教器上的背部，段式安全开关拥有 3 个状态位置，包括_____、_____和_____。

12. 在运行方式手动 T1 或手动 T2 中，确认开关必须保持在_____，方可使机器人运动。

13. 使用示教器右侧点动运行按键手动操作机器人运动时，手动运行机器人分为两种方式，包括_____和_____。

14. 在电气控制柜面板右旋面板的_____开关，开启机器人电源。

15. 在操作机器人之前，示教器开启之后，先打开电气控制柜面板上的_____开关，使能伺服电机。

16. 打开示教器正面上的_____开关，控制器使能。

17. 手动 T1 模式一般用于_____测试运行、编程和示教。

18. 手动调节机器人运行速度，_____是手动运行时机器人的速度。

19. 初次操作机器人要把机器人的速度_____，建议在 5% ～ 10% 之间，避免操作不当发生碰撞。

20. 触摸倍率修调状态图标，打开_____窗口，按下相应按钮或者拖动后倍率将被调节。

21. 写出 HSR-612 型机器人系统组成名称。

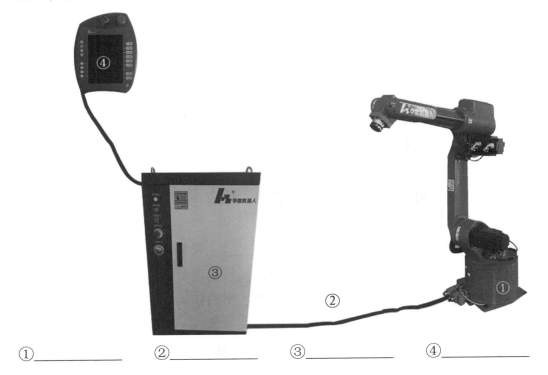

① _____ ② _____ ③ _____ ④ _____

22. 写出 HSR-612 型机器人示教器正面板中各部分的名称。

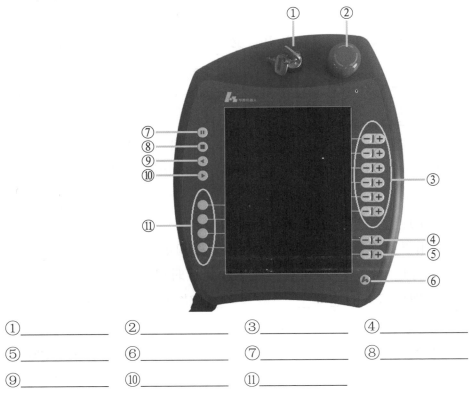

① _____ ② _____ ③ _____ ④ _____

⑤ _____ ⑥ _____ ⑦ _____ ⑧ _____

⑨ _____ ⑩ _____ ⑪ _____

23. 写出 HSR-612 型机器人示教器背部中各部分的名称。

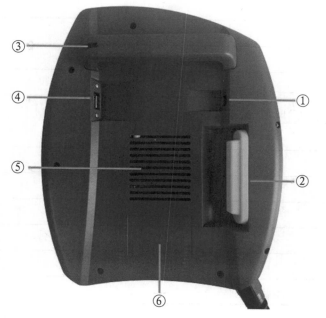

①＿＿＿＿＿＿　②＿＿＿＿＿＿　③＿＿＿＿＿＿　④＿＿＿＿＿＿
⑤＿＿＿＿＿＿　⑥＿＿＿＿＿＿

二、简答题

1. 通过这节课的学习，请你简单说说使用示教器手动操作机器人运行的步骤。

＿＿＿＿＿＿＿＿＿＿＿＿＿＿＿＿＿＿＿＿＿＿＿＿＿＿＿＿＿＿＿＿＿＿

＿＿＿＿＿＿＿＿＿＿＿＿＿＿＿＿＿＿＿＿＿＿＿＿＿＿＿＿＿＿＿＿＿＿

＿＿＿＿＿＿＿＿＿＿＿＿＿＿＿＿＿＿＿＿＿＿＿＿＿＿＿＿＿＿＿＿＿＿

＿＿＿＿＿＿＿＿＿＿＿＿＿＿＿＿＿＿＿＿＿＿＿＿＿＿＿＿＿＿＿＿＿＿

＿＿＿＿＿＿＿＿＿＿＿＿＿＿＿＿＿＿＿＿＿＿＿＿＿＿＿＿＿＿＿＿＿＿

＿＿＿＿＿＿＿＿＿＿＿＿＿＿＿＿＿＿＿＿＿＿＿＿＿＿＿＿＿＿＿＿＿＿

＿＿＿＿＿＿＿＿＿＿＿＿＿＿＿＿＿＿＿＿＿＿＿＿＿＿＿＿＿＿＿＿＿＿

2. 通过学习，我们知道了手动调节机器人运行速度，手动倍率是手动运行时机器人的速度。但要把机器人的速度调低，具体操作步骤是什么？

＿＿＿＿＿＿＿＿＿＿＿＿＿＿＿＿＿＿＿＿＿＿＿＿＿＿＿＿＿＿＿＿＿＿

＿＿＿＿＿＿＿＿＿＿＿＿＿＿＿＿＿＿＿＿＿＿＿＿＿＿＿＿＿＿＿＿＿＿

＿＿＿＿＿＿＿＿＿＿＿＿＿＿＿＿＿＿＿＿＿＿＿＿＿＿＿＿＿＿＿＿＿＿

3. 简单介绍操作机器人进行轴坐标运动的步骤。

4. 简单介绍操作机器人进行笛卡尔坐标运动的步骤。

5. 熟记机器手臂本体各部分的名称。

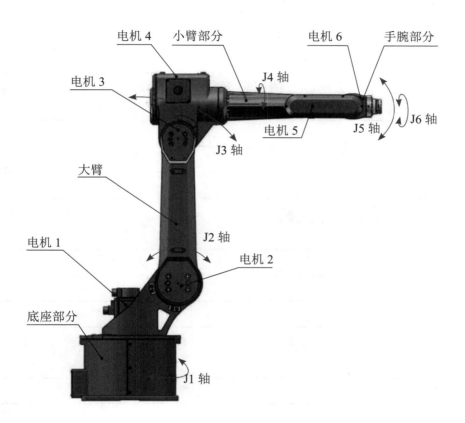

章节学习记录

问题记录

1. 在学习过程中遇到了什么问题？请记录下来。

_____

_____

_____

2. 请分析问题产生的原因，并记录。

_____

_____

_____

3. 如何解决问题？请记录解决问题的方法。

_____

_____

_____

4. 请谈谈解决问题之后的心得体会。

_____

_____

_____

_____

_____

典型任务二：学习简单的运动指令

学习目标

1. 学习 HSR-612 型机器人的运动指令。
2. 熟悉、掌握机器人示教器定点的使用方法。
3. 明确机器人的安全使用与维护意识。
4. 在规定时间内完成岗位任务。

工作任务

任务描述：机器人的运动轨迹是靠执行运动指令实现的，这是在自动化生产中必不可缺少的步骤。现要求同学们对机器人运动指令有初步的认知（图 4-15）。了解之后，通过示教器编写程序，完成简单的搬运任务。

操作人员：2 人。

①机械手　　②连接线缆　　③电控系统　　④ HSpad 示教器

图 4-15　HSpad 和华数机器人连接图

工作流程

工作步骤一：介绍指令，了解指令（0.5h）
工作步骤二：明确方法，实施操作（6.5h）
工作步骤三：评价反馈，总结提高（0.5h）
工作步骤四：学习拓展，技能升华（0.5h）

工作步骤一：介绍指令，了解指令

一、编程指令概述（表 4-5，图 4-16，表 4-6）

表 4-5　指令类型及类型中包含的指令说明

指令类型	指令
运动指令	MOVE MOVES CIRCLE

条件指令	IFTHEN
	ELSE
	END IF

流程指令	SUB PUBLICSUB END SUB FUNCTION PUBLIC FUNCTION END FUNCTION CALL GOTO LABEL

指令类型	指令
程序控制指令	PROGRAM END PROGRAM WITH ENDWITH ATTACH DETACH
延时指令	DELAY
循环指令	WHILE ENDWHILE
I/O 指令	D_IN D_OUT WAIT WAITUNTIL PULSE AO AI
变量使用指令	全局变量 局部变量
坐标系指令	BASE TOOL
修调指令	VORD
同步指令	SYNCALL
寄存器指令	LR JR DR IR
事件指令	ONEVENT ENDONEVENT EVENTON EVENTOFF
异常指令	THROW
手动指令	手动输入框输入命名行指令

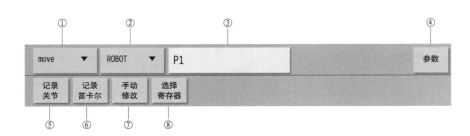

图 4-16　运动指令功能按键

表 4-6　运动指令功能按键说明

编号	说明
①	选择指令，可选 MOVE、MOVES、CIRCLE 三种指令。当选择 CIRCLE 指令时，会话框会弹出两个点用于记录位置
②	选择组，可选择机器人组或者附加轴组
③	新记录的点的名称，光标位于此时可点击记录关节或记录笛卡尔赋值
④	参数设置，可在参数设置对话框中添加、删除点对应的属性，在编辑参数后，点击确认，将该参数对应到该点
⑤	为该新记录的点赋值为关节坐标值
⑥	为该新记录的点赋值为笛卡尔坐标
⑦	点击后可打开一个修改各个轴点位值的对话框，进行单个轴的坐标值修改
⑧	可通过新建一个 JR 寄存器或者 LR 寄存器保存该新增加点的值，可在变量列表中查找到相关值，便于以后通过寄存器使用该点位值

二、运动指令与延时指令

（一）运动指令

运动指令包括了点位之间的运动指令 MOVE 和 MOVES，以及画圆弧的指令 CIRCLE。

1. MOVE 指令

MOVE 指令用于选择在一个点位之后，当前点机器人位置与选择点之间的任意运动，运动过程中不进行轨迹控制和姿态控制。

操作步骤：

（1）标定需要插入行的上一行；

（2）选择指令→运动指令→ MOVE；

（3）选择机器人轴或者附加轴；

（4）输入点位名称，即新增点的名称；

（5）配置指令的参数；

（6）手动移动机器人到需要的姿态或位置；

（7）选中输入框后，点击记录关节或者记录笛卡尔坐标；

（8）点击操作栏中的确定按钮，添加 MOVE 指令完成。

例，MOVE ROBOT　P[1]

2. MOVES 指令

MOVES 指令用于选择在一个点位之后，当前点机器人位置与记录点之间的直线运动。

操作步骤：

（1）标定需要插入行的上一行；

（2）选择指令→运动指令→ MOVES；

（3）选择机器人轴或者附加轴；

（4）输入点位记录，即新增点的名称；

（5）配置指令的参数；

（6）手动移动机器人到需要的姿态或位置；

（7）选中输入框后，点击记录关节或者记录笛卡尔坐标；

（8）点击操作栏中的确定按钮，添加 MOVES 指令完成。

例，MOVES ROBOT　P[1]

3. CIRCLE 指令

该指令为画圆弧指令，机器人示教圆弧的当前位置与选择的两个点形成一个圆弧，即三点画圆。

操作步骤：

（1）标定需要插入行的上一行；

（2）选择指令→运动指令→ CIRCLE；

（3）选择机器人轴或者附加轴；

（4）点击 CirclePoint 输入框，移动机器人到需要的姿态点或轴位置，点击记录关节或者记录笛卡尔坐标，记录 CirclePoint 点完成；

（5）点击 TargetPoint 输入框，手动移动机器人到需要的目标姿态或位置。点击记录关节或者记录笛卡尔坐标，记录 TargetPoint 点完成；

（6）配置指令的参数；

（7）点击操作栏中的确定按钮，添加 CIRCLE 指令完成。指令说明表见表 4-7。

表 4-7　指令说明表

名称	说明	备注
VCRUISE	速度	用于 MOVE
ACC	加速比	用于 MOVE
DEC	减速比	用于 MOVE
VTRAN	速度	用于 MOVES
ATRAN	加速比	用于 MOVES
DTRAN	减速比	用于 MOVES
ABS	1-绝对运动，0-相对运动	

（二）延时指令

延时指令（图 4-17）DELAY 用于设定程序行执行前延时的时间，单位为毫秒。

操作步骤：

（1）选中需要延时行的上一行；

（2）选择指令→延时指令→DELAY；

（3）编辑 DELAY 后的延时时间（ms）；

（4）点击操作栏中的确定按钮，完成延时指令的添加。

```
DELAY 1000
```

图 4-17　延时指令

工作步骤二：明确方法，实施操作

任务：机器人由 A 坐标点移至 B 坐标点，再由 B 坐标点移至 C 坐标点，最后由 C 坐标点回至 A 坐标点。（A、B、C 坐标自定）

示教器触摸屏界面操作

（1）点击图 4-18 最左边的机器人图标。

图 4-18　示教器触摸屏界面工具栏

（2）切换至文件管理器，如图 4-19 所示。

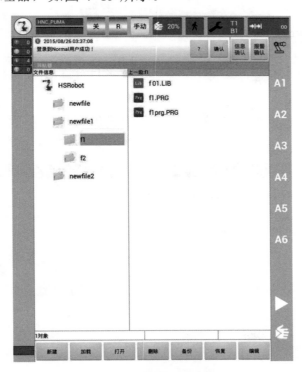

图 4-19　文件管理器界面

（3）操作人员根据技术人员的指示，在图 4-19 的文件夹中选择好将要生产的 XXX.PRG 主程序文件；[操作完步骤（2）之后，直接跳过该步骤]。

操作步骤：

①在导航器中选定程序并按加载。

②编辑器中将显示该程序。选定的程序将会加载到编辑器。编辑器中始终显示相应的打开文件，同时会显示运行光标。

（4）点击图 4-19 左下位置的新建按钮，然后在图 4-20 界面输入程序的名字（例，CESHI）。

图 4-20　新建程序命名

（5）点击确定，如图 4-21 所示便会出现刚新建的程序文件。

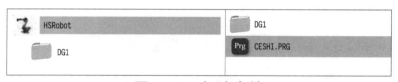

图 4-21　新建文件

（6）如图 4-20 所示选中新建的文件，然后点击触摸屏最下面工具栏的打开按钮，便能出现如图 4-22 所示的编程界面。

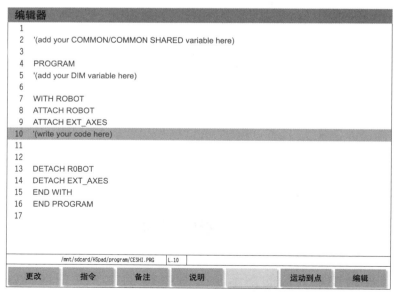

图 4-22　编辑器界面

（7）选中图 4-22 的蓝色位置处，此处为用户编程位置。如图 4-23 所示分别点击指令 →运动指令→ MOVE。

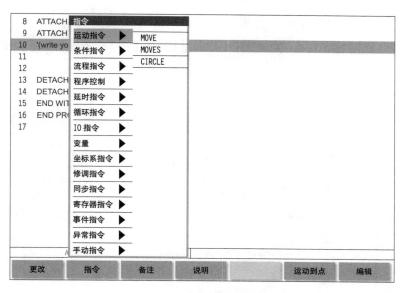

图 4-23　选择指令

（8）选中图 4-23 中 MOVE 之后，则会弹出图 4-24 所示对话框。然后在输入框输入 P1，最后点击触摸屏界面右下角的确定按钮。用相同的方法，再添加两句运动指令，如图 4-24 所示：

图 4-24　运动指令对话框

（9）选中图 4-24 的蓝色位置，点击第 7 步骤配图左下角的更改按钮，弹出图 4-25 所示界面。

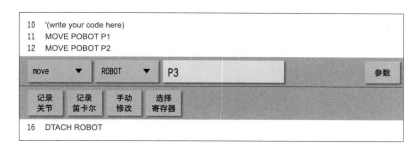

图 4-25　运动指令工具栏

（10）此时用手动操作把机械手末端移至 C 点，然后点击图 4-25 的记录关节按钮。而 P2 对应着 B 点，P1 对应着 A 点。同样是选择相应指令行之后，点击更改，然后手动操作机械手移至相应的位置，进行记录关节便可。

（11）记录完关节坐标之后，点击图 4-26 左边的红色 × 按钮，将会弹出对话框提醒用户保存程序。

图 4-26　保存程序对话框

（12）点击保存之后，便是加载程序了 [参照步骤（3）]。

工作步骤三：评价反馈，总结提高

活动过程评价表

班级：_____ 姓名：_____ 学号：_____ _____年___月___日

评价项目及标准		配分	等级评定			
			A	B	C	D
学习态度	1. 虚心向师傅学习	10				
	2. 组员的交流、合作融洽	10				
	3. 实践动手操作的主动积极性	10				
操作规范	1. 遵守工作纪律，正确使用工具，注意安全操作	10				
	2. 熟悉电气柜正确使用方法	10				
	3. 熟悉示教器面板的操作	10				
	4. 掌握机器人的手动控制	10				
	5. 认识机械手臂各轴的旋转方向	10				
	6. 对实习岗位卫生清洁、工具的整理保管及实习场所卫生清扫情况	10				
完成情况	在规定时间内，能较好地完成所有任务	10				
合计		100				
师傅总评						

等级评定：A：优（10）；B：好（8）；C：一般（6）；D：有待提高（4）

工作步骤四：学习拓展，技能升华

使用运动指令 MOVES，使机器人从 A 点运动到 B 点，等待 5s，然后从 B 点运动到 C 点，等待 5s，再从 C 点运动到 D 点，等待 5s，最后从 D 点运动到 A 点，等待 5s，程序结束。（A、B、C、D 点自定，具体如右图所示）

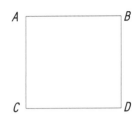

典型任务指导书

岗位		
任务名称		
学习目标		
任务内容		
工作流程	任务框架	
	学习过程	
	自我评价	
	师傅评价	

课堂知识回顾

简答题

1. 编程指令包含哪几种类型？请写出来。

_____

_____

_____

_____

_____

_____

_____

2. 根据下面运用运动指令编程界面，写出各步骤的主要内容。

①	②	③	④

| move ▼ | ROBOT ▼ | P1 | | 参数 |

| 记录关节 | 记录笛卡尔 | 手动修改 | 选择寄存器 |

⑤ ⑥ ⑦ ⑧

_____

_____

_____

_____

_____

_____

_____

3. 请写出运动指令 MOVE 的功能和编程特点、操作步骤。

_____

_____

_____

_____

4. 请写出运动指令 CIRCLE 的功能和编程特点、操作步骤。

5. 请写出延时指令 DELAY 的功能和编程特点、操作步骤。

章节学习记录

问题记录

1. 在学习过程中遇到了什么问题？请记录下来。

_____

_____

_____

_____

2. 请分析问题产生的原因，并记录。

_____

_____

_____

_____

3. 如何解决问题？请记录解决问题的方法。

_____

_____

_____

_____

4. 请谈谈解决问题之后的心得体会。

_____

_____

_____

_____

_____

_____

_____

典型任务三：认识机器人的 I/O 指令

学习目标

1. 熟知机器人在自动化生产线的运动轨迹。

2. 了解技术人员所编程序。

3. 掌握机器人的 I/O 信号。

4. 在规定时间内完成岗位任务。

工作任务

任务描述：I/O 指令主要用于控制机器人的机械爪工作（本工作台主要采用真空吸盘吸取物件），是自动化生产线上重要学习内容之一，其中机器人的姿态尤为重要，直接影响到机器人拿取物件时是否会产生倾斜，或者放料位置是否准确。本节的主要内容就是学会让机器人抓取物料和摆放物料。

操作人员：2 人。

工作流程

工作步骤一：接受任务，接触指令（0.5h）

工作步骤二：明确方法，实施操作（6.5h）

工作步骤三：评价反馈，总结提高（0.5h）

工作步骤四：学习拓展，技能升华（0.5h）

工作步骤一：接受任务，接触指令

I/O 指令包括了 D_IN 指令、D_OUT 指令、WAIT 指令、WAITUNTIL 指令以及 PLUSE 指令（表 4-8），D_IN、D_OUT 指令可用于给当前 I/O 赋值为 ON 或者 OFF，也可用于在 D_IN 和 D_OUT 之间传值；WAIT 指令用于阻塞等待一个指定 I/O 信号，可选 D_IN 和 D_OUT；WAITUNTIL 指令用等待 I/O 信号，超过设定时限后退出等待；PLUSE 指令用于产生脉冲（图 4-27、图 4-28、图 4-29）。

表 4-8　指令说明表

函数	参数说明
WAIT（I/O，STATE）	I/O 代表 D_IN、D_OUT，STATE 代表 ON、OFF
WAITUNTIL（I/O，I/O，MIL，FLAG）	I/O 代表 D_IN、D_OUT，MIL 代表延时（单位 ms），FLAG 表示等待信号是否成功
PLUSE（I/O，STATE）	I/O 代表 D_IN、D_OUT

操作步骤：

（1）选中需要添加 D_IN 或者 D_OUT 行的上一行；

（2）选择指令→ I/O 指令→ D_IN 或者 D_OUT；

（3）点击选择框选择 D_IN 或者 D_OUT，在第一个输入框中输入 I/O 项；

（4）点击第二个选择框选择相应的 I/O，如果选择了 D_IN 或者 D_OUT 则需要在对应输入框输入赋值的 I/O 项；

（5）点击操作栏中的确定按钮完成 I/O 指令的添加。

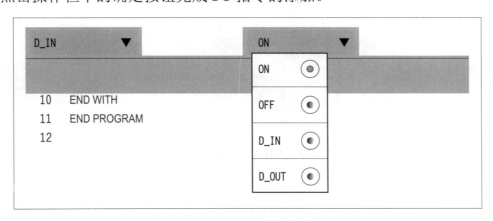

图 4-27　D_IN 指令

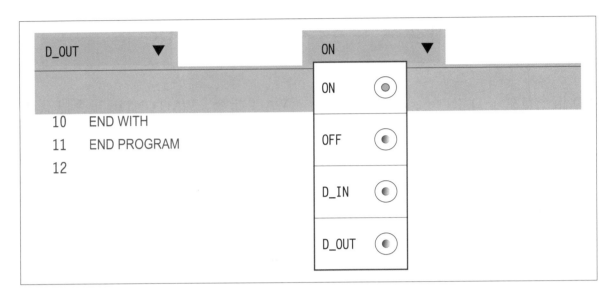

图 4-28　D_OUT 指令

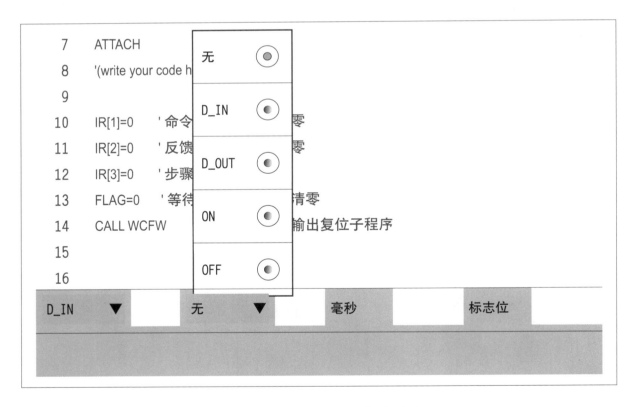

图 4-29　WAITUNTIL 指令输入

工作步骤二：明确方法，实施操作

任务：用工业机器人完成搬运的任务，将仓库上（A地）的一个物料通过机器人准确放在 AGV 小车的物料槽上（B 地）；抓取物料的 I/O 是 OUT1，放料的 I/O 是 OUT2，A、B 两地的位置根据物料仓库的位置而定。

操作步骤：

（1）点击图 4-30 最左边的机器人图标。

图 4-30　机器人图标

（2）接着切换至文件管理器，新建工程，如图 4-31 所示。

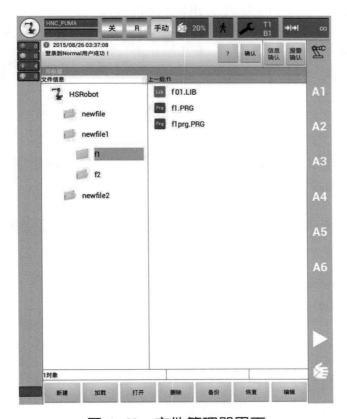

图 4-31　文件管理器界面

（3）操作人员根据技术人员的指示，在图 4-31 的文件夹中选择好将要生产的 XXX.PRG 主程序文件；[操作完步骤（2）之后，直接跳过该步骤]。

①在导航器中选定程序并按加载。

②编辑器中将显示该程序。选定的程序将会加载到编辑器。编辑器中始终显示相应的打开文件，同时会显示运行光标。

（4）点击图4-31左下位置的新建按钮，然后在图4-32界面输入程序的名字（例，CESHI）。

图 4-32　新建程序命名

（5）然后点击确定，如图4-33便会出现我们刚新建的程序文件。

图 4-33　新建程序文件

（6）如图4-33所示选中我们新建的文件，然后点击触摸屏最底下工具栏的打开按钮，便出现图4-34的编程界面。

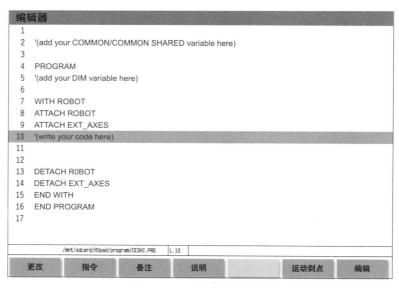

图 4-34　编辑器界面

（7）通过手动控制，将机器人移动到抓取物料的最佳位置（需要仔细对点，如果机器人姿态不对，物料在抓取后将会出现倾斜），然后选中图 4-34 蓝色位置处，此处为用户编程位置。如图 4-35 所示分别点击指令→运动指令→ MOVE。

图 4-35　选择指令

（8）选中图 4-35 的 MOVE 之后，则会弹出对话框。然后在输入框输入 P1，点击记录关节按钮，将 P1 的位置记录下来（P1 即是抓取物料的位置），最后点击触摸屏界面右下角的确定按钮。

（9）移动到抓取物料的位置之后需要将机械爪打开，让其抓取物料，在取料的时候要先把放料开关关闭，避免同时打开。

注意：在抓取物料和抓取物料之后需要延时，以确保机器人更好地抓住物料，避免 I/O 信号还没有到达的时候机器人就已经运动离开。

DELAY　500

D_OUT2=OFF

D_OUT1=ON

DELAY　1000

（10）此时用手动操作把机械手末端移至 B 点，手动操作机械手移至相应的位置，操作步骤、要求跟第 8 步一致，同样是选择相应指令行之后，点击更改，进行记录关节便可。

（11）移动到放料的位置之后我们需要将机械爪松开，让其放下物料。

注意：在放下抓取物料之后需要延时，以确保机器人更好地放下物料，避免 I/O 信号还没有到达的时候机器人就已经运动离开。

```
DELAY  500
D_OUT1=OFF
D_OUT2=ON
DELAY  1000
```

（12）在编写搬运程序的时候，不能从取料点直接运行到放料点，要先从抓料点上升到安全高度（C 点）之后，再运行到放料点上方（D 点，即放料点的安全高度），最后才从放料点的上方向下到放料位置，具体如图 4-36 所示。

图 4-36　物料运行轨迹

（13）放下物料之后，退出的路径跟取料的路径相反（即怎么进入就怎么退出），最后回到 C 点，或者回到自定义的安全高度。

（14）记录关节坐标之后，点击图 4-37 左边的红色 × 按钮，将会弹出对话框提醒用户保存程序。

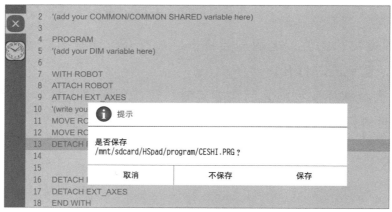

图 4-37　对话框

（15）点击保存之后，便是加载程序了 [参照步骤（3）]。

一、示教器背部操作

左手将背部安全按钮置于中间档位，并保持住，继续操作下面步骤。

二、示教器正面板操作

（1）观察机械手臂周边是否安全，确认无任何碰撞危险，因为接下来机械手臂将移动。

（2）点击图4-38所示三角形运行按钮。机器人便会按照刚才设定的三个点的轨迹移动。

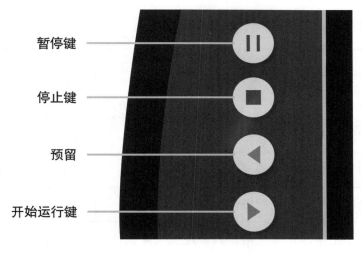

暂停键

停止键

预留

开始运行键

图 4-38 示教器正面板

三、参考程序

```
MOVE    ROBOT    P2        // 运动到 C 点
MOVE    ROBOT    P1        // 运动到取料点
DELAY  500                 // 延时等待
D_OUT2=OFF                 // 关闭放料气阀
D_OUT1=ON                  // 打开取料气阀
DELAY  1000                // 延时等待
MOVE    ROBOT    P2        // 运动到 C 点
MOVE    ROBOT    P4        // 运动到 D 点
MOVE    ROBOT    P3        // 运动到放料点
D_OUT1=OFF                 // 关闭取料气阀
D_OUT2=ON                  // 打开放料气阀
DELAY  1000                // 延时等待
MOVE    ROBOT    P4        // 运动到 D 点
MOVE    ROBOT    P2        // 运动到安全位置
```

工作步骤三：评价反馈，总结提高

活动过程评价表

班级：_____　姓名：_____　学号：_____　　　____年__月__日

评价项目及标准		配分	等级评定			
			A	B	C	D
学习态度	1. 虚心向师傅学习	10				
	2. 组员的交流、合作融洽	10				
	3. 实践动手操作的主动积极性	10				
操作规范	1. 遵守工作纪律，正确使用工具，注意安全操作	10				
	2. 熟悉示教器使用方法	10				
	3. 了解运动指令的工作	10				
	4. 认识机器人的运动轨迹	10				
	5. 掌握机器人的坐标点记录及修改	10				
	6. 对实习岗位卫生清洁、工具的整理保管及实习场所卫生清扫情况	10				
完成情况	在规定时间内，能较好地完成所有任务	10				
合计		100				
师傅总评						

等级评定：A：优（10）；B：好（8）；C：一般（6）；D：有待提高（4）

工作步骤四：学习拓展，技能升华

任务：将仓库上 A、B 两块物料通过机器人搬运到 C 地叠放。

典型任务指导书

岗位		
任务名称		
学习目标		
任务内容		
工作流程	任务框架	
	学习过程	
	自我评价	
	师傅评价	

课堂知识回顾

简答题

1. I/O 指令包括哪些指令？这些指令各自具备什么功能？

2. 写出完成 I/O 指令添加的步骤。

3. 为什么在编写抓取物料之后的程序时需要延时？

4. 为什么机器人不能从取料点直接运行到放料点？应怎样优化？

_____

_____

_____

_____

_____

_____

5. 写出用工业机器人完成搬运任务时的程序编写步骤。

_____

_____

_____

_____

_____

_____

章节学习记录

问题记录

1. 在学习过程中遇到了什么问题？请记录下来。

_____

_____

_____

2. 请分析问题产生的原因，并记录。

_____

_____

_____

3. 如何解决问题？请记录解决问题的方法。

_____

_____

_____

4. 请谈谈解决问题之后的心得体会。

_____

_____

_____

_____

_____

典型任务四：坐标系标定，三点法和四点法

学习目标

1. 了解机器人的坐标系。
2. 了解机器人姿态的基本知识。
3. 学会坐标系的标定和工具坐标系的标定。
4. 在规定时间内完成岗位任务。

工作任务

任务描述：因为一些特殊的工业机器人的默认坐标系是运行不到的，所以为了完成我们的工作任务就必须对机器人的坐标和姿态进行修改，使机器人能完成我们所要求的任务。

操作人员：2人。

工作流程

工作步骤一：了解坐标，了解姿态（0.5h）
工作步骤二：明确方法，实施操作（6.5h）
工作步骤三：评价反馈，总结提高（0.5h）
工作步骤四：学习拓展，技能升华（0.5h）

工作步骤一：了解坐标，了解姿态

一、坐标系

在机器人控制系统中定义了下列坐标系：轴坐标系、世界坐标系、基坐标系、工具坐标系（图4-39）。

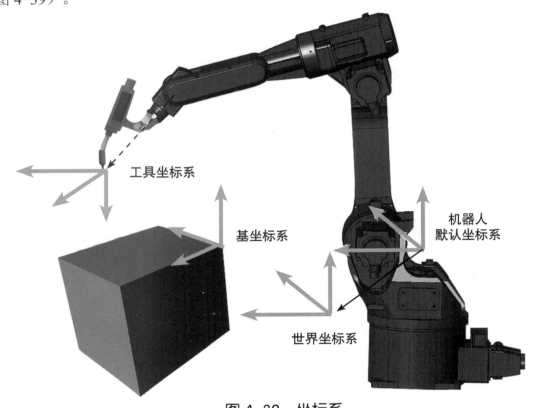

图 4-39 坐标系

（一）轴坐标系

轴坐标系为机器人单个轴的运行坐标系，可针对单个轴进行操作。机器人默认坐标系是一个笛卡尔坐标系，固定位于机器人底部，如图4-39所示，它可以根据世界坐标系说明机器人的位置。

（二）世界坐标系

世界坐标系是一个固定的笛卡尔坐标系，是机器人默认坐标系和基坐标系的原点坐标系。在默认配置中，世界坐标系与机器人默认坐标系是一致的。

（三）基坐标系

基坐标系是一个笛卡尔坐标系，用来说明工件的位置。默认配置中，基础坐标系与机器人默认坐标系是一致的。修改基坐标系后，机器人即按照设置的坐标系运动。

（四）工具坐标系

工具坐标系是一个笛卡尔坐标系，位于工具的工作点中。在默认配置中，工具坐标系的原点在法兰中心点上。工具坐标系由用户移入工具的工作点。

二、姿态

机器人坐标系的姿态角：HSpad 使用姿态角来描述工具点的姿态（表 4-9、图 4-40）。

表 4-9　机器人姿态角含义

转角	含义
A（Y）	Yaw 偏航角
B（P）	Pitch 俯仰角
C（R）	Roll 滚转角

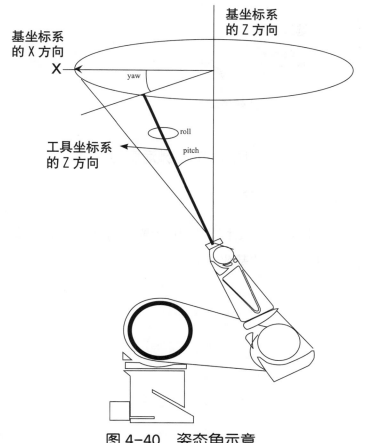

图 4-40　姿态角示意

三、工具选择和基坐标选择

说明：最多可在机器人控制系统中储存 16 个工具坐标系和 16 个基础坐标系。

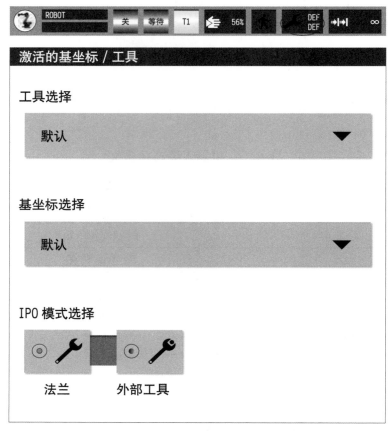

图 4-41　激活窗口

操作步骤：

（1）触摸工具和基坐标系状态图标，打开"激活的基坐标／工具"窗口（图 4-41）；

（2）选择所需的工具和所需的基坐标。

工作步骤二：明确方法，实施操作

任务：学会坐标系的标定。

一、基坐标三点法标定

 基坐标标定必须选择在默认基坐标下进行。

说明：通过记录原点、X 方向、Y 方向的三点，重新设定新的基坐标系（图 4-42）。

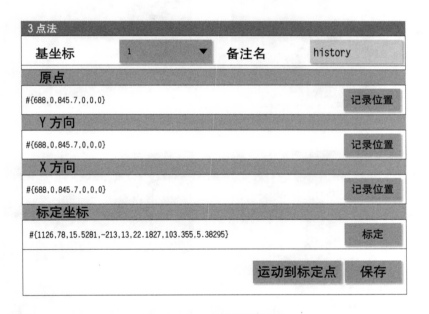

图 4-42　基坐标标定

操作步骤：

（1）在菜单中选择投入运行→测量→基坐标→三点法；

（2）选择待标定的基坐标号，可设置备注名称；

（3）移动到基坐标原点，记录原点坐标；

（4）移动到标定基坐标的 Y 方向的某点，记录坐标；

（5）移动到标定基坐标的 X 方向的某点，记录坐标；

（6）按下标定键，程序计算出标定坐标；

（7）按下保存键，存储基坐标的标定值；

（8）标定完成后，按下移动到点，可移动到标定坐标。

二、工具坐标四点法标定

说明：将待测量工具的 TCP 从四个不同方向移向一个参照点。参照点可以任意选择。机器人控制系统从不同的法兰位置值中计算出 TCP。运动到参照点所用的 4 个法兰位置必须分散开足够的距离（图 4-43）。

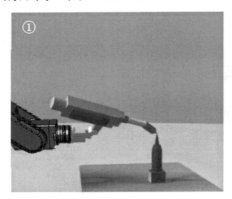
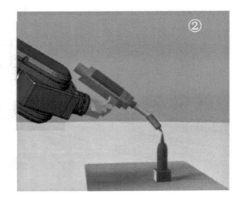
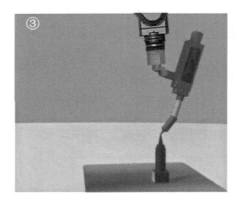
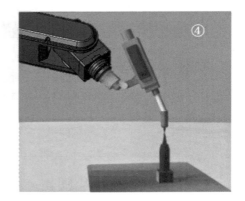

图 4-43　点标定图示

前提条件：

1. 要测量的工具已安装在机器人末端；

2. 切换到 T1 模式。

操作步骤：

（1）在菜单中选择投入运行→测量→工具→四点法；

（2）为待测量的工具输入工具号和名称。点击"继续"键确认。

工作步骤三：评价反馈，总结提高

活动过程评价表

班级：_____　姓名：_____　学号：_____　　　　_____年__月__日

评价项目及标准		配分	等级评定			
			A	B	C	D
学习态度	1. 虚心向师傅学习	10				
	2. 组员的交流、合作融洽	10				
	3. 实践动手操作的主动积极性	10				
操作规范	1. 遵守工作纪律，正确使用工具，注意安全操作	10				
	2. 熟悉电气柜正确使用方法	10				
	3. 熟悉示教器面板的操作	10				
	4. 掌握机器人的手动控制	10				
	5. 认识机械手臂各轴的旋转方向	10				
	6. 对实习岗位卫生清洁、工具的整理保管及实习场所卫生清扫情况	10				
完成情况	在规定时间内，能较好地完成所有任务	10				
合计		100				
师傅总评						

等级评定：A：优（10）；B：好（8）；C：一般（6）；D：有待提高（4）

工作步骤四：学习拓展，技能升华

重新用三点法和四点法标定一个新的坐标。

典型任务指导书

岗位		
任务名称		
学习目标		
任务内容		
工作流程	任务框架	
	学习过程	
	自我评价	
	师傅评价	

课堂知识回顾

简答题

1. 在机器人控制系统中包含了哪几种坐标系?

_____

_____

_____

_____

_____

_____

2. 机器人的轴坐标系及其特征是什么?

_____

_____

_____

_____

_____

_____

3. 机器人的世界坐标系及其特征是什么?

_____

_____

_____

_____

_____

4. 机器人的基坐标系及其特征是什么？

_____

_____

_____

_____

_____

_____

5. 机器人的工具坐标系及其特征是什么？

_____

_____

_____

_____

_____

_____

_____

6. 工业机器人的姿态是什么，怎么来描述？

_____

_____

_____

_____

_____

_____

7. 最多可在机器人控制系统中储存多少个工具坐标系和基础坐标系？写出选择所需的工具和所需的基坐标的操作步骤。

_____

_____

_____

8. 写出基坐标三点法标定的操作步骤。

章节学习记录

问题记录

1. 在学习过程中遇到了什么问题？请记录下来。

_____

_____

_____

2. 请分析问题产生的原因，并记录。

_____

_____

_____

3. 如何解决问题？请记录解决问题的方法。

_____

_____

_____

4. 请谈谈解决问题之后的心得体会。

_____

_____

_____

_____

_____

_____

_____

典型任务五：认识夹具的夹紧与松开

学习目标

1. 熟知机器人在自动化生产线的运动轨迹。
2. 了解技术人员所编程序。
3. 掌握机器人的 I/O 信号。
4. 在规定时间内容完成岗位任务。

工作任务

任务描述：I/O 指令主要用于控制机器人的机械爪工作（本工作台主要采用真空吸盘吸取物件），是自动化生产线上重要学习内容之一，其中机器人的姿态尤为重要，直接影响到机器人拿取物件时是否会产生倾斜，或者放料位置是否准确。本节的主要内容就是学会让机器人抓取物料和摆放物料。

操作人员：2 人。

工作流程

I/O 指令包括了 D_IN 指令、D_OUT 指令、WAIT 指令、WAITUNTIL 指令以及 PLUSE 指令（表 4-10），D_IN、D_OUT 指令可用于给当前 I/O 赋值为 ON 或者 OFF，也可用于在 D_IN 和 D_OUT 之间传值；WAIT 指令用于阻塞等待一个指定 I/O 信号，可选 D_IN 和 D_OUT；WAITUNTIL 指令用于等待 I/O 信号，超过设定时限后退出等待；PLUSE 指令用于产生脉冲（图 4-44、图 4-45、图 4-46）。

表 4-10　指令说明表

函数	参数说明
WAIT（I/O，STATE）	I/O 代表 D_IN、D_OUT，STATE 代表 ON、OFF
WAITUNTIL （I/O，I/O，MIL，FLAG）	I/O 代表 D_IN、D_OUT， MIL 代表延时（单位 ms），FLAG 表示等待信号是否成功
PLUSE（I/O，STATE）	I/O 代表 D_IN、D_OUT，

具体操作步骤如下：

（1）选中需要添加 D_IN 或者 D_OUT 行的上一行；

（2）选择指令→ I/O 指令→ D_IN 或者 D_OUT；

（3）点击选择框选择 D_IN 或者 D_OUT，在第一个输入框中输入 10 项；

（4）点击第二个选择框选择相应的 I/O，如果选择了 D_IN 或者 D_OUT 则需要在对应输入框输入赋值的 I/O 项；

（5）点击操作栏中的确定按钮完成 I/O 指令的添加。

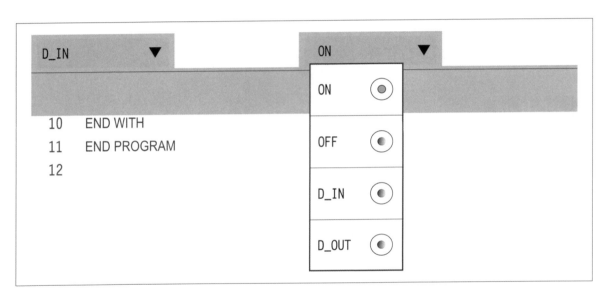

图 4-44　D_IN 指令

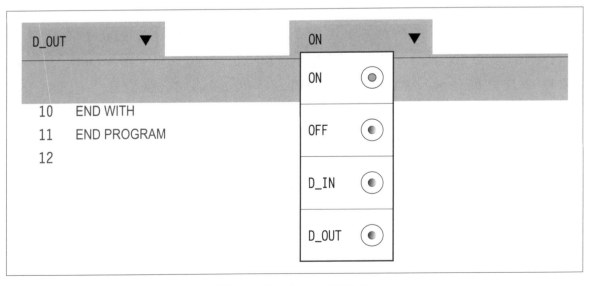

图 4-45　D_OUT 指令

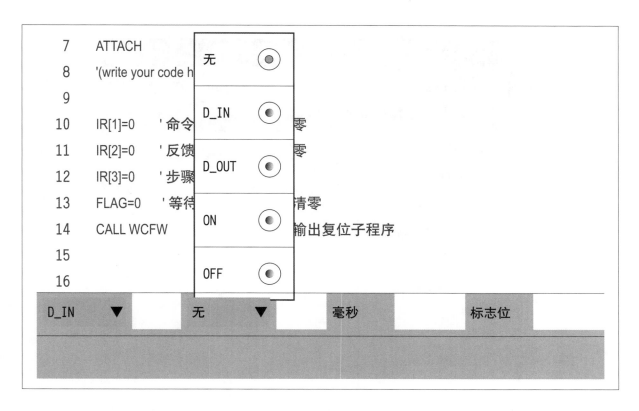

图 4-46　WAITUNTIL 指令输入

任务：用工业机器人完成搬运的任务，将仓库上（A 地）的一个物料通过机器人准确放在 AGV 小车的物料槽上（B 地）；抓取物料的 I/O 是 OUT1，放料的 I/O 是 OUT2，A、B 两地的位置根据物料仓库的位置而定。

具体操作步骤如下：

（1）点击图 4-47 最左边的机器人图标。

图 4-47　示教器触摸屏界面工具栏

（2）接着切换至文件管理器，新建工程，如图 4-48 所示。

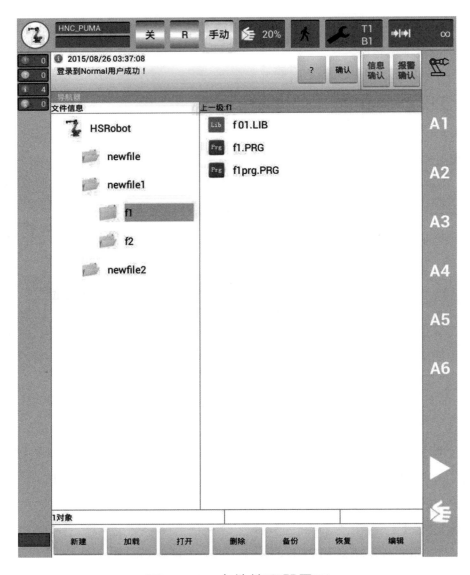

图 4-48　文件管理器界面

（3）操作人员根据技术人员的指示，在图 4-48 的文件夹中选择好将要生产的 XXX.
PRG 主程序文件；[操作完步骤（2）之后，直接跳过该步骤]。

①在导航器中选定程序并按加载。

②编辑器中将显示该程序。选定的程序将会加载到编辑器。编辑器中始终显示相应的打开文件。同时会显示运行光标。

（4）点击图 4-48 左下位置的新建按钮，然后在图 4-49 界面输入程序的名字（例，CESHI）。

图 4-49 新建程序命名

（5）然后点击确定，如图 4-50 所示便会出现我们刚新建的程序文件。

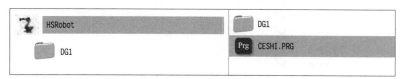

图 4-50 新建程序文件

（6）如图 4-50 所示选中我们新建的文件，然后点击触摸屏最底下工具栏的打开按钮，便能出现图 4-51 所示的编程界面。

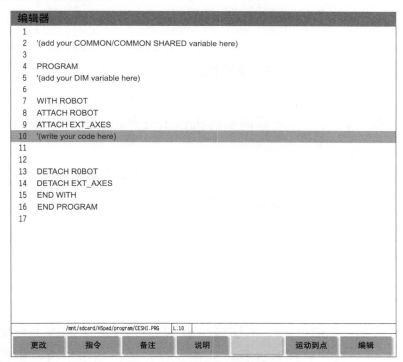

图 4-51 编辑器界面

（7）通过手动控制，将机器人移动到抓取物料的最佳位置（需要仔细对点，如果机器人姿态不对，物料在抓取后将会出现倾斜），然后选中图 4-51 的蓝色位置处，此处为用户编程位置。如图 4-52 所示，分别点击指令→运动指令→ MOVE。

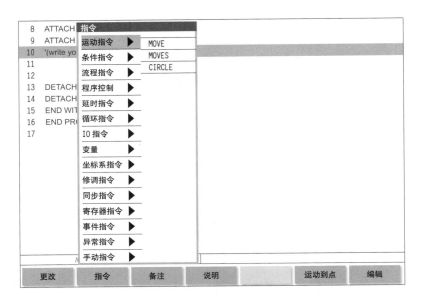

图 4-52　选择指令

（8）选中图 4-52 的 MOVE 之后，则会弹出对话框。然后在输入框输入 P1，点击记录关节按钮，将 P1 的位置记录下来（P1 即是抓取物料的位置），最后点击触摸屏界面右下角的确定按钮。

（9）移动到抓取物料的位置之后需要将机械爪打开，让其抓取物料，在取料的时候要先把放料开关关闭，避免同时打开。

注意：在抓取物料和抓取物料之后需要延时，以确保机器人更好地抓住物料，避免 I/O 信号还没有到达的时候机器人就已经运动离开。

DELAY　500

D_OUT2=OFF

D_OUT1=ON

DELAY　1000

（10）此时用手动操作把机械手末端移至 B 点，手动操作机械手移至相应的位置，操作步骤、要求跟第 8 步一致，同样是选择相应指令行之后，点击更改，进行记录关节便可。

（11）移动到放料的位置之后我们需要将机械爪松开，让其放下物料。

注意：在抓取物料和放下物料之后需要延时，以确保机器人更好地放下物料，避免 I/O 信号还没有到达的时候机器人就已经运动离开。

DELAY 500
D_OUT1=OFF
D_OUT2=ON
DELAY 1000

（12）在编写搬运程序的时候，不能从取料点直接运行到放料点，要先从抓料点上升到一个安全高度（C 点）之后，再运行到放料点上方（D 点，即放料点的安全高度），最后才从放料点的上方下到放料位置，具体如图 4-53 所示。

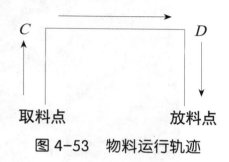

图 4-53　物料运行轨迹

（13）放下物料之后，退出的路径跟取料的路径相反（即怎么进入就怎么退出），最后回到 C 点，或者回到自定义的安全高度。

（14）记录关节坐标之后，点击图 4-54 左边的红色 × 按钮，将会弹出对话框提醒用户保存程序。

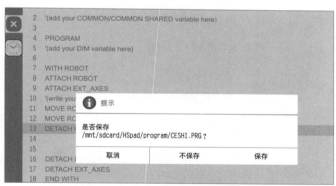

图 4-54　对话框

（15）点击保存之后，便是加载程序了 [参照步骤（3）]。

一、示教器背部操作

左手将背部安全按钮置于中间档位，并保持住，继续操作下面步骤。

二、示教器正面板操作

（1）观察机械手臂周边是否安全，确认无任何碰撞危险，因为接下来机械手臂将移动。

（2）点击图 4-55 三角形符号的运行按钮。机器人便会按照你刚才设定的三个点的轨迹移动。

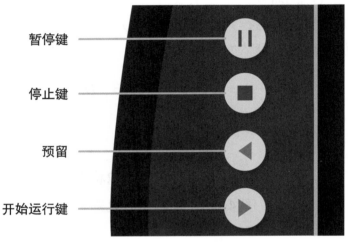

暂停键

停止键

预留

开始运行键

图 4-55　示教器正面板

三、参考程序

MOVE ROBOT P2	// 运动到 *C* 点
MOVE ROBOT P1	// 运动到取料点
DELAY 500	// 延时等待
D_OUT2=OFF	// 关闭放料气阀
D_OUT1=ON	// 打开取料气阀
DELAY 1000	// 延时等待
MOVE ROBOT P2	// 运动到 *C* 点
MOVE ROBOT P4	// 运动到 *D* 点
MOVE ROBOT P3	// 运动到放料点
D_OUT1=OFF	// 关闭取料气阀
D_OUT2=ON	// 打开放料气阀
DELAY 1000	// 延时等待
MOVE ROBOT P4	// 运动到 *D* 点
MOVE ROBOT P2	// 运动到安全位置

四、加工中心机器人夹具夹紧与松开

夹具实物	程序	程序说明
	D_OUT1=ON	打开 1 号加工中心的门
	D_OUT3=ON	打开 2 号加工中心的门
	D_OUT1=OFF	关闭 1 号加工中心的门
	D_OUT3=OFF	关闭 2 号加工中心的门
	D_OUT2=ON	1 号加工中心工件夹紧
	D_OUT4=ON	2 号加工中心工件夹紧

续　表

夹具实物	程序	程序说明
	D_OUT2=OFF	1 号加工中心工件松开
	D_OUT4=OFF	2 号加工中心工件松开
	D_OUT5=ON	打开下面夹具气动开关（夹紧）
	D_OUT5=OFF	关闭下面夹具气动开关（松开）
	D_OUT6=ON	打开上面夹具气动开关（夹紧）
	D_OUT6=OFF	关闭上面夹具气动开关（松开）
	D_OUT7=ON	下面夹具向上旋转180°
	D_OUT7=OFF	下面夹具回原位
	D_OUT8=ON	上面夹具向下旋转180°
	D_OUT8=OFF	上面夹具回原位
	D_OUT9=ON	夹具中间张开
	D_OUT9=OFF	夹具中间回缩

评价反馈，总结提高

活动过程评价表

班级：_____ 姓名：_____ 学号：_____ _____年___月___日

评价项目及标准		配分	等级评定			
			A	B	C	D
学习态度	1. 虚心向师傅学习	10				
	2. 组员的交流、合作融洽	10				
	3. 实践动手操作的主动积极性	10				
操作规范	1. 遵守工作纪律，正确使用工具，注意安全操作	10				
	2. 熟悉示教器正确使用方法	10				
	3. 了解运动指令的工作	10				
	4. 认识机器人的运动轨迹	10				
	5. 掌握机器人的坐标点记录及修改	10				
	6. 对实习岗位卫生清洁、工具的整理保管及实习场所卫生清扫情况	10				
完成情况	在规定时间内，能较好地完成所有任务	10				
合计		100				
师傅总评						

等级评定：A：优（10），B：好（8），C：一般（6），D：有待提高（4）

学习拓展，技能升华

任务：将仓库上 A、B 两块物料通过机器人搬运到 C 地叠放。

典型任务指导书

岗位		
任务名称		
学习目标		
任务内容		
工作流程	任务框架	
	学习过程	
	自我评价	
	师傅评价	

课堂知识回顾

简答题

1. I/O 指令包括了哪些指令？这些指令各自具备了什么功能？

_____

_____

_____

_____

_____

_____

_____

_____

2. 写出完成 I/O 指令添加的步骤。

_____

_____

_____

_____

_____

_____

_____

_____

3. 为什么在编写抓取物料和抓取物料之后的程序时需要延时？

_____

_____

_____

_____

_____

_____

_____

4. 为什么在编写搬运程序的时候，不能从取料点直接运行到放料点？应怎样优化？

_____

_____

_____

_____

_____

_____

5. 写出用工业机器人完成搬运的任务时的程序编写步骤。

_____

_____

_____

_____

_____

_____

📖 章节学习记录

问题记录

1. 在学习过程中遇到了什么问题？请记录下来。

_____

_____

_____

2. 请分析问题产生的原因，并记录。

_____

_____

_____

3. 如何解决问题？请记录解决问题的方法。

_____

_____

_____

4. 请谈谈解决问题之后的心得体会。

_____

_____

_____

_____

_____

典型任务六：如何夹取已加工完成的工件

学习目标

1. 了解机器人的坐标系。

2. 了解机器人姿态的基本知识。

3. 学会使用工业机器人夹取已加工的工件。

4. 在规定时间内完成岗位任务。

工作任务

1. 任务描述：在自动化生产线中，工件加工好之后需要由工业机器人进行夹取。本节课我们主要学习使用工业机器人将 3C 高速钻攻中心已加工完成的工件夹取出来。

2. 操作人员：2 人。

工作流程

工作步骤一：明确方法，实施操作（6.5h）

工作步骤二：评价反馈，总结提高（0.5h）

工作步骤三：学习拓展，技能升华（0.5h）

工作步骤一：明确方法，实施操作

任务：学会使用工业机器人夹取已加工的工件。

步骤	项目	内容
		夹取工件操作步骤
1	机器人姿态	
	程序	MOVES ROBOT P1
	说明	记录原点的位置，方便夹取工件结束后机器人返回原点

续　表

步骤	项目	内容
		夹取工件操作步骤
2	机器人姿态	
	程序	MOVES ROBOT P2
	说明	1. 首先把坐标系调到轴坐标系 2. 运动 J1 轴，使机器人运动到钻攻中心门口，方便机械手进入抓取工件的位置 3. 记录该点的关节坐标
3	机器人姿态	
	程序	MOVE ROBOT P3
	说明	1. 运动 J5 轴与 J6 轴，调整夹具的位置，使夹具与工件平行 2. 记录该点的笛卡尔坐标

续　表

夹取工件操作步骤		
步骤	项目	内容
4	机器人姿态	
	程序	MOVE ROBOT P4
	说明	1. 先将坐标系调到基座标系 2. 运动 Z 轴，使夹具向下运动，运动到与夹取工件上方的位置 3. 记录该点的笛卡尔坐标

夹取工件操作步骤		
步骤	项目	内容
5	机器人姿态	
	程序	MOVE ROBOT P5
	说明	1. 运动 Y 轴，使夹具运动到夹取工件的位置前方 2. 记录该点的笛卡尔坐标
6	机器人姿态	
	程序	MOVE ROBOT P6
	说明	1. 继续运动 Y 轴，使夹具能够夹住工件 2. 记录该点的笛卡尔坐标

步骤	项目	内容
7	机器人姿态	
	程序	MOVE ROBOT P7
	说明	1. 运动 Z 轴，使夹取工件的夹具运动到一个安全高度 2. 记录该点的笛卡尔坐标
8	机器人姿态	
	程序	MOVE ROBOT P8
	说明	1. 运动 Y 轴，将夹取工件的夹具运动到钻攻中心外面 2. 记录该点的笛卡尔坐标

夹取工件操作步骤

续　表

夹取工件操作步骤		
步骤	项目	内容
9	机器人姿态	
	程序	MOVE ROBOT P9
	说明	1. 将夹具运动到一个安全位置 2. 记录该点的笛卡尔坐标
10	机器人姿态	
	程序	MOVES ROBOT P10
	说明	1. 将夹具运动到一个安全高度，方便后面实训将工件送往 AVG 小车 2. 记录该点的笛卡尔坐标

夹取工件操作步骤		
步骤	项目	内容
11	总程序	1. MOVES ROBOT P1　　　6. MOVE　ROBOT P6 2. MOVE ROBOT P2　　　　7. MOVE　ROBOT P7 3. MOVE　ROBOT P3　　　 8. MOVE　ROBOT P8 4. MOVE　ROBOT P4　　　 9. MOVE　ROBOT P9 5. MOVE　ROBOT P5　　　 10. MOVES　ROBOT P10
注意事项		1. 在运动机器人的过程中，要将速度调至 20%，不要使速度过快 2. 在微调夹具的时候建议将速度调至 1%，这样更容易与方便调整 3. 在运动机器人的过程中要注意不要使机器人碰撞到任何物体，一旦发现紧急情况，立刻按下急停按钮

工作步骤二：评价反馈，总结提高

活动过程评价表

班级：_____ 姓名：_____ 学号：_____ _____年___月___日

评价项目及标准		配分	等级评定			
			A	B	C	D
学习态度	1. 虚心向师傅学习	10				
	2. 组员的交流、合作融洽	10				
	3. 实践动手操作的主动积极性	10				
操作规范	1. 遵守工作纪律，正确使用工具，注意安全操作	10				
	2. 熟悉电气柜正确使用方法	10				
	3. 熟悉示教器面板的操作	10				
	4. 掌握机器人的手动控制	10				
	5. 认识机械手臂各轴的旋转方向	10				
	6. 对实习岗位卫生清洁、工具的整理保管及实习场所卫生清扫情况	10				
完成情况	在规定时间内，能较好地完成所有任务	10				
合计		100				
师傅总评						

等级评定：A：优（10）；B：好（8）；C：一般（6）；D：有待提高（4）

工作步骤三：学习拓展，技能升华

使用自动的方式，让机器人连续运行上面的流程。

典型任务指导书

岗位		
任务名称		
学习目标		
任务内容		
工作流程	任务框架	
	学习过程	
	自我评价	
	师傅评价	

课堂知识回顾

简答题

写出使用工业机器人夹取已加工工件的程序编写步骤。

章节学习记录

问题记录

1.在学习过程中遇到了什么问题？请记录下来。

_____

_____

_____

2.请分析问题产生的原因，并记录。

_____

_____

_____

3.如何解决问题？请记录解决问题的方法。

_____

_____

_____

4.请谈谈解决问题之后的心得体会。

_____

_____

_____

_____

_____

典型任务七：夹取工件放至 AGV 小车

学习目标

1. 了解机器人的坐标系。

2. 了解机器人姿态的基本知识。

3. 学会使用工业机器人放置加工的工件。

4. 在规定时间内容完成岗位任务。

工作任务

1. 任务描述：在上次课我们已经学会了如何将已加工完成的工件从 3C 高速钻攻中心取出来并上升到一个安全高度，本次课我们将学习如何将在安全高度上的工件放至 AGV 小车上，让 AGV 小车将工件送至仓库。

2. 操作人员：2 人。

工作流程

工作步骤一：明确方法，实施操作（6.5h）

工作步骤二：评价反馈，总结提高（0.5h）

工作步骤三：学习拓展，技能升华（0.5h）

工作步骤一：明确方法，实施操作

任务：学会使用工业机器人将取已加工的工件放至 AGV 小车。

放料操作步骤		
步骤	项目	内容
1	机器人姿态	
	程序	MOVES ROBOT P1
	说明	先记录该点的关节坐标，方便下次回原点

续　表

放料操作步骤		
步骤	项目	内容
2	机器人姿态	
	程序	MOVE ROBOT P2
	说明	1. 把坐标系调到轴坐标系 2. 运动 J1 轴，使机器人运动到仓库附近，方便机器人将抓取的工件送入仓库 3. 记录该点的关节坐标

步骤	项目	内容
3	机器人姿态	放料操作步骤
	程序	MOVE ROBOT P3
	说明	1. 运动 J5 轴与 J6 轴调整夹具的位置，使夹具与仓库（要放工件的位置）平行 2. 记录该点的笛卡尔坐标

	放料操作步骤	
步骤	项目	内容
4	机器人姿态	
	程序	MOVE ROBOT P4
	说明	1. 先将坐标系调到基座标系 2. 运动 X、Y、Z 三轴，使夹具运动到仓库（放料位置）的上方，这里是采用微调，建议在仓库上方再进行微调，微调的速度为 1% 3. 记录该点的笛卡尔坐标

\multicolumn{3}{c}{放料操作步骤}
步骤	项目	内容
5	机器人姿态	
	程序	MOVE ROBOT P5
	说明	1. 运动 X、Y、Z 三轴，使夹具上的工件缓慢放入仓库 2. 记录该点的笛卡尔坐标 注意：在调该位置的时候速度一定要慢（1%），注意在调整的时候不要碰撞到仓库

步骤	项目	内容
		放料操作步骤
6	机器人姿态	
	程序	MOVE ROBOT P6
	说明	1. 运动 X 轴，将夹具平行抽出，运动到一个安全位置 2. 记录该点的笛卡尔坐标 注意：这个时候不要运动其他轴，保持安全位置与工件位置对齐

续　表

放料操作步骤		
步骤	项目	内容
7	机器人姿态	
	程序	MOVE ROBOT P7
	说明	1. 运动 Z 轴，将夹具运动到一个安全高度 2. 记录该点的笛卡尔坐标 注意：高度没有具体要求，只要在回原点的时候不要碰撞到即可

续　表

步骤	项目	内容
8	机器人姿态	
	程序	**MOVES ROBOT P8**
	说明	1. 回到原点 2. 在回原点的过程中要注意机器人是否会出现其他意外，一旦出现意外立刻按下急停按钮
9	机器人姿态	
	说明	工件放到仓库上

步骤	项目	内容
10	机器人姿态	
	说明	仓库上的工件将送往 AGV 小车，由 AGV 小车送往立体仓库
11	总程序	1. MOVES　ROBOT P1　　　5. MOVE　ROBOT P5 2. MOVE ROBOT P2　　　　6. MOVE　ROBOT P6 3. MOVE　ROBOT P3　　　　7. MOVE　ROBOT P7 4. MOVE　ROBOT P4　　　　8. MOVES　ROBOT P8
	注意事项	1. 在运动机器人的过程中，要将速度调至 20%，不要使速度过快 2. 在微调夹具的时候建议将速度调至 1%，这样更易于方便调整 3. 在运动机器人的过程中要注意不要使机器人碰撞到任何物体，一旦发现紧急情况，立刻按下急停按钮

工作步骤二：评价反馈，总结提高

活动过程评价表

班级：_____ 姓名：_____ 学号：_____ _____年__月__日

评价项目及标准		配分	等级评定			
			A	B	C	D
学习态度	1. 虚心向师傅学习	10				
	2. 组员的交流、合作融洽	10				
	3. 实践动手操作的主动积极性	10				
操作规范	1. 遵守工作纪律，正确使用工具，注意安全操作	10				
	2. 熟悉电气柜正确使用方法	10				
	3. 熟悉示教器面板的操作	10				
	4. 掌握机器人的手动控制	10				
	5. 认识机械手臂各轴的旋转方向	10				
	6. 对实习岗位卫生清洁、工具的整理保管及实习场所卫生清扫情况	10				
完成情况	在规定时间内，能较好地完成所有任务	10				
合计		100				
师傅总评						

等级评定：A：优（10）；B：好（8）；C：一般（6）；D：有待提高（4）

工作步骤三：学习拓展，技能升华

任务要求：使用自动的方式，让机器人连续运行。

典型任务指导书

岗位		
任务名称		
学习目标		
任务内容		
工作流程	任务框架	
	学习过程	
	自我评价	
	师傅评价	

课堂知识回顾

简答题

1. 写出使用工业机器人将已加工的工件放至 AGV 小车的程序编写步骤。

_____

_____

_____

_____

_____

_____

_____

2. 在运动机器人的过程中，为什么要将速度调至 20%？

_____

_____

_____

_____

_____

_____

_____

3. 为什么在微调夹具的时候建议将速度调至 1%？

_____

_____

_____

_____

_____

_____

_____

4. 在运动机器人的过程中要注意避免机器人碰撞到任何物体，一旦发现紧急情况，应采取什么措施？

_____

_____

_____

_____

_____

_____

_____

_____

章节学习记录

问题记录

1. 在学习过程中遇到了什么问题？请记录下来。

_____

_____

_____

2. 请分析问题产生的原因，并记录。

_____

_____

_____

3. 如何解决问题？请记录解决问题的方法。

_____

_____

_____

4. 请谈谈解决问题之后的心得体会。

_____

_____

_____

_____

_____

典型任务八：从 AGV 小车将工件放至仓库

学习目标

1. 了解机器人的坐标系。
2. 了解机器人姿态的基本知识。
3. 学会使用工业机器人的夹取与放置工件。
4. 在规定时间内完成岗位任务。

工作任务

1. 任务描述：在前两次课的时候我们已经学会夹取工件与放置工件，本次课我们将综合练习，将通过 AGV 小车运送到仓库门口的工件取出来放至仓库工位上。

2. 操作人员：2 人。

工作流程

工作步骤一：明确方法，实施操作（6.5h）
工作步骤二：评价反馈，总结提高（0.5h）
工作步骤三：学习拓展，技能升华（0.5h）

工作步骤一：明确方法，实施操作

任务：学会使用工业机器人将 AGV 小车上的工件放至仓库。

取放料操作步骤		
步骤	项目	内容
1	机器人姿态	
	说明	等待 AGV 运料小车将工件送到立体仓库门口

取放料操作步骤		
步骤	项目	内容
2	机器人姿态	
	程序	**MOVES ROBOT P1**
	说明	记录原点的关节坐标，方便最后完成工作之后回原点待命

		取放料操作步骤
步骤	项目	内容
3	机器人姿态	
	程序	MOVES ROBOT P2
	说明	1. 把坐标系调到轴坐标系 2. 运动 J1 轴，使机器人运动到仓库附近，方便机器人将抓取的工件送入仓库 3. 记录该点的关节坐标

续　表

		取放料操作步骤
步骤	项目	内容
4	机器人姿态	
	程序	MOVE ROBOT P3
	说明	1. 运动 J5 轴与 J6 轴调整夹具的位置，使夹具与仓库（放工件的位置）平行 2. 记录该点的笛卡尔坐标

续　表

		取放料操作步骤
步骤	项目	内容
5	机器人姿态	
	程序	MOVE ROBOT P4
	说明	1. 将坐标系调到基座标系 2. 运动 *X*、*Y*、*Z* 三轴，使夹具运动到（放料位置）的平行位置 3. 记录该点的笛卡尔坐标

续　表

步骤	项目	内容
6	机器人姿态	
	程序	MOVE ROBOT P5
	说明	1.运动 X、Y、Z 三轴，使夹具运动到夹取工件的位置，在运动过程中采用微调（1%），夹住工件一定要可靠，同时注意要细心，不要让夹具碰撞到任何物体，以免损坏夹具 2.记录该点的笛卡尔坐标

续　表

取放料操作步骤		
步骤	项目	内容
7	机器人姿态	
	程序	MOVE ROBOT P6
	说明	1. 运动 Z 轴，平行将夹具运动到一个安全的高度 2. 记录该点的笛卡尔坐标 注意：该高度没有具体的要求，只要机器人在执行下一个动作的时候不要与其他物件碰撞即可，建议与要立体仓库存放工件的位置高度差不多

取放料操作步骤		
步骤	项目	内容
8	机器人姿态	
	程序	MOVES ROBOT P7
	说明	1. 把坐标系调到轴坐标系 2. 运动 J1 轴，使机器人运动到立体仓库放置工件位置附近，方便机器人将抓取的工件送入仓库 3. 记录该点的关节坐标

续　表

步骤	项目	内容
		取放料操作步骤
9	机器人姿态	
	程序	MOVE ROBOT P8
	说明	1. 运动 J5 轴与 J6 轴调整夹具的位置，使夹具与立体仓库（放工件的位置）平行 2. 记录该点的笛卡尔坐标

		取放料操作步骤
步骤	项目	内容
10	机器人姿态	
	程序	MOVE ROBOT P9
	说明	1. 将坐标系调到基座标系 2. 运动 X、Y、Z 三轴，使夹具运动到（放料位置）的平行位置 3. 记录该点的笛卡尔坐标

续　表

		取放料操作步骤	
步骤	项目	内容	

步骤	项目	内容
11	机器人姿态	
	程序	MOVE ROBOT P10
	说明	1. 缓慢将工件送入立体仓库，运送过程中注意避免在运动过程中有所碰撞 2. 记录该点的笛卡尔坐标

取放料操作步骤		
步骤	项目	内容
12	机器人姿态	
	程序	MOVE ROBOT P11
	说明	1. 工件在仓库放置平稳之后，运动 X 轴，抽出夹具，使夹具运动到一个安全位置 2. 记录该点的笛卡尔坐标 注意：该安全位置没有具体位置，要求在下一个动作的时候不会碰撞到

续　表

步骤	项目	内容
13	机器人姿态	
	程序	MOVE ROBOT P12
	说明	1. 将夹具运动到一个方便回原点的位置 2. 记录该点的笛卡尔坐标

步骤	项目	内容
14	机器人姿态	
	程序	MOVES ROBOT P1
	说明	将机器人回原点等待下次执行命令
15	总程序	1. MOVES ROBOT P1 8. MOVE ROBOT P8 2. MOVE ROBOT P2 9. MOVE ROBOT P9 3. MOVE ROBOT P3 10. MOVE ROBOT P10 4. MOVE ROBOT P4 11. MOVE ROBOT P11 5. MOVE ROBOT P5 12. MOVE ROBOT P12 6. MOVE ROBOT P6 13. MOVES ROBOT P1 7. MOVES ROBOT P7
	注意事项	1. 在运动机器人的过程中，要将速度调至 20%，不要使速度过快 2. 在微调夹具的时候建议将速度调至 1%，这样更容易与方便调整 3. 在运动机器人的过程中要注意不要使机器人碰撞到任何物体，一旦发现紧急情况，立刻按下急停按钮

工作步骤二：评价反馈，总结提高

活动过程评价表

班级：_____　姓名：_____　学号：_____　　　_____年__月__日

评价项目及标准		配分	等级评定			
			A	B	C	D
学习态度	1. 虚心向师傅学习	10				
	2. 组员的交流、合作融洽	10				
	3. 实践动手操作的主动积极性	10				
操作规范	1. 遵守工作纪律，正确使用工具，注意安全操作	10				
	2. 熟悉电气柜正确使用方法	10				
	3. 熟悉示教器面板的操作	10				
	4. 掌握机器人的手动控制	10				
	5. 认识机械手臂各轴的旋转方向	10				
	6. 对实习岗位卫生清洁、工具的整理保管及实习场所卫生清扫情况	10				
完成情况	在规定时间内，能较好地完成所有任务	10				
合计		100				
师傅总评						

等级评定：A：优（10）；B：好（8）；C：一般（6）；D：有待提高（4）

工作步骤三：学习拓展，技能升华

任务要求：使用自动的方式，让机器人连续运行。

典型任务指导书

岗位		
任务名称		
学习目标		
任务内容		
工作流程	任务框架	
	学习过程	
	自我评价	
	师傅评价	

课堂知识回顾

简答题

1. 写出使用工业机器人将 AGV 小车上的工件放至仓库的程序编写步骤。

_____

_____

_____

_____

_____

_____

2. 为什么在运动过程中采用微调,夹住工件一定要可靠,同时注意要细心,不要让夹具碰撞到任何物体?

_____

_____

_____

_____

_____

_____

_____

章节学习记录

问题记录

1.在学习过程中遇到了什么问题？请记录下来。

_____

_____

_____

2.请分析问题产生的原因，并记录。

_____

_____

_____

3.如何解决问题？请记录解决问题的方法。

_____

_____

_____

4.请谈谈解决问题之后的心得体会。

_____

_____

_____

_____

_____

「第五章」

典型实操项目训练

输送带的启动与停止

学习目标

（1）了解可编程控制器电路的设计过程。

（2）熟悉、掌握 PLC 可编程控制器的基本编程。

（3）明确可编程控制器的安全使用与维护意识。

（4）可编程控制器输入点、输出点的理解及接线。

（5）中间继电器的使用。

（6）传送带正反转控制。

（7）传感器的应用还有接线方法。

（8）在实训过程中培养学生的安全、环保意识，学会节约耗材并提高安全操作能力。

（9）培养学生形成良好的学习习惯，提高专业技能水平及职业素养。

教学方法措施

（1）做好学生学习动员工作，提高学习兴趣及主动参与的积极性。

（2）把握好实训节奏及课堂纪律，严格要求学生，上课表现纳入考核成绩。

（3）合理分组，采取组长负责制，奖惩分明，通过先进帮扶后进，共同提高。

（4）进行项目考核，评定成绩，提高学生操作的主观能动性。

（5）布置实训报告内容，要求按时完成，及时对实训进行总结。

（6）在实训过程中灌输"5S"职业素养，提高安全操作意识。

工作任务

（1）当操作面板上的 [PB1]（X20）被按下时，闪烁黄灯（Y7）保持点亮。

（2）当闪烁黄灯（Y7）熄灭而且蜂鸣器（Y3）停止后，输送带正转（Y1）被设置为 ON。在输送带正转（Y1）为 ON 的期间，闪烁绿灯（Y6）保持点亮。

（3）当操作面板上的 [PB2]（X21）被按下，在（1）和（2）中描述的动作停止。当（1）中的程序执行时动作被重复。

输送带操作面板见图 5-1，I/O 分配见表 5-1。

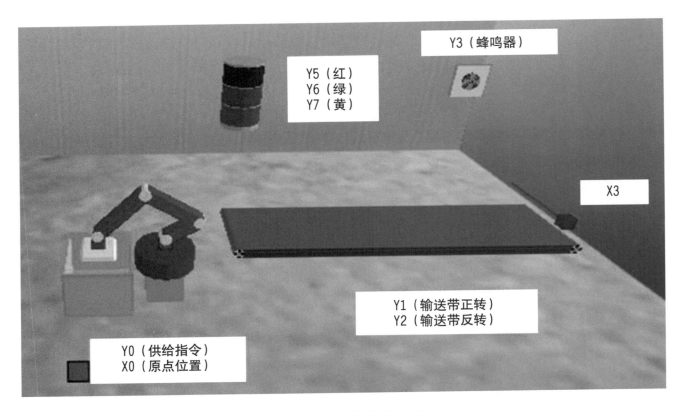

图 5-1 输送带操作面板

表 5-1 I/O 分配

点位	名称	注释	点位	名称	注释
Y0	供给指令	当 Y0 接通时，供给一个部件	Y5	红灯	当 Y5 接通时亮
Y1	输送带正转	当 Y1 接通上，传送带向前运转	Y6	绿灯	当 Y6 接通时亮
Y2	输送带反转	当 Y2 接通上，传送带向后运转	Y7	黄灯	当 Y7 接通时亮
Y3	蜂鸣器	当 Y3 接通上，输出声音			
X3	传感器	当在右端检测到部件时接通	X0	原点位置	当机器人在原点位置时接通

电路接线图

1. 主电路图（图 5-2）

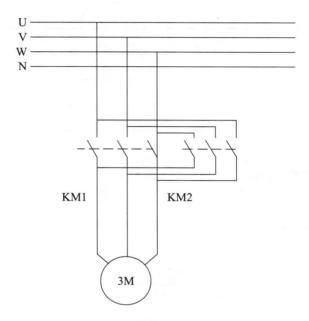

图 5-2 主电路图

2. 控制电路图（图 5-3）

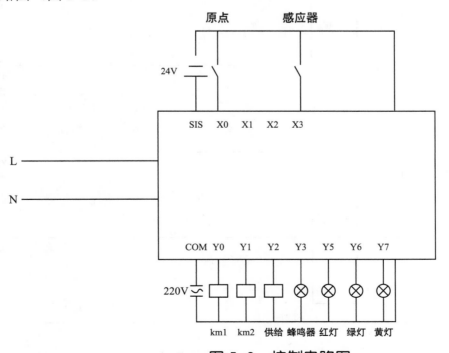

图 5-3 控制电路图

接线总结：

_____

_____

_____

_____

_____

_____

_____

程序编写

程序编写见图 5-4。

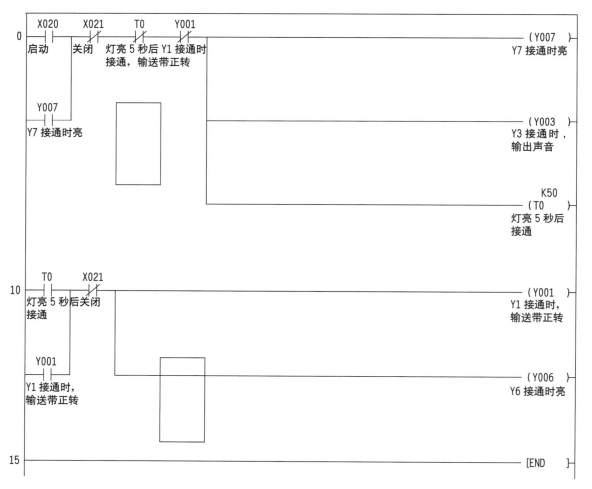

图 5-4　编写程序图

编程总结：

_____

_____

_____

_____

_____

_____

_____

_____

⚒ 输送带的驱动

📋 学习目标

（1）了解可编程控制器电路的设计过程。

（2）熟悉、掌握 PLC 可编程控制器的基本编程。

（3）明确可编程控制器的安全使用与维护意识。

（4）可编程控制器输入点、输出点的理解及接线。

（5）中间继电器的使用。

（6）传送带正反转控制。

（7）传感器的应用还有接线方法。

（8）在实训过程中培养学生的安全、环保意识，学会节约耗材并提高安全操作能力。

（9）培养学生形成良好的学习习惯，提高专业技能水平及职业素养。

📋 教学方法措施

（1）做好学生学习动员工作，提高学习兴趣及主动参与的积极性。

（2）把握好实训节奏及课堂纪律，严格要求学生，上课表现纳入考核成绩。

（3）合理分组，采取组长负责制，奖惩分明，通过先进帮扶后进，共同提高。

（4）进行项目考核，评定成绩，提高学生操作的主观能动性。

（5）布置实训报告内容，要求按时完成，及时对实训进行总结。

（6）在实训过程中灌输"5S"职业素养，提高安全操作意识。

📋 工作任务

（1）当操作面板上的 [PB1]（X20）按下，如果机器人在原点位置（X5），控制机器人供给指令（Y7）被置为 ON。当松开 [PB1]（X20），直到机器人回到原点位置（X5），供给指令（Y7）被锁存。

（2）当传感器（X0）检测到一个部件，上段输送带正转（Y0）被置为 ON。

（3）当传感器（X1）检测到一个部件，中段输送带正转（Y2）被置为 ON 而上段输送带正转（Y0）停止。

（4）当传感器（X2）检测到一个部件，下段输送带正转（Y4）被置为 ON 而中段输送带正转（Y2）停止。

（5）当传感器（X3）检测到一个部件，下段输送带正转（Y4）停止。

（6）当传感器（X3）被置为 ON，供给指令（Y7）被置为 ON 而且如果机器人在原点位置（X5），一个新部件被补给。见图 5-5，表 5-2。

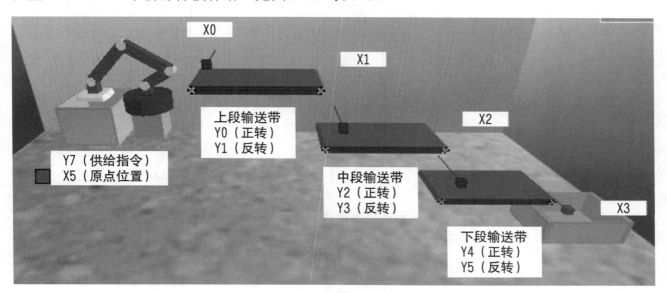

图 5-5　输送带面板

表 5-2　I/O 分配

点位	名称	注释	点位	名称	注释
Y0	上段输送带（正转）	当 Y0 接通上，传送带向前运转	Y1	上段输送带（反转）	Y1 接通上，传送带向后运转
Y2	中段输送带（正转）	当 Y2 接通上，传送带向前运转	Y3	中段输送带（反转）	Y3 接通上，传送带向后运转
Y4	下段输送带（正转）	当 Y4 接通上，传送带向前运转	Y5	下段输送带（反转）	Y5 接通上，传送带向后运转
Y7	供给指令	当 Y7 接通时，供给一个部件	X5	原点位置	机器人在原点位置时接通
X0	传感器	当在左端检测到部件时接通	X1	传感器	在左端检测到部件时接通
X2	传感器	当在左端检测到部件时接通	X3	传感器	在左端检测到部件时接通

电路接线图

1. 主电路图（图 5-6）

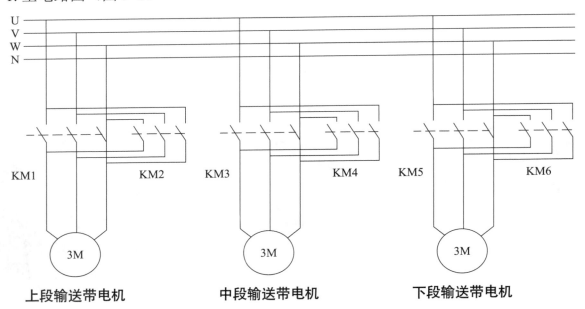

图 5-6　主电路图

上段输送带电机　　　中段输送带电机　　　下段输送带电机

2. 控制电路图（图 5-7）

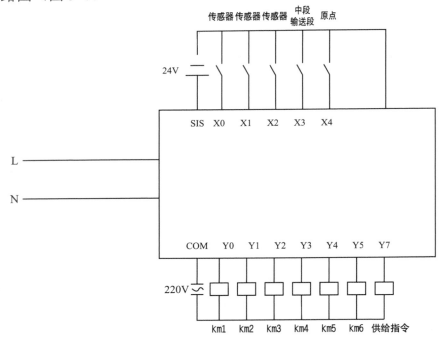

图 5-7　控制电路图

接线总结：

_____

_____

_____

_____

_____

_____

_____

程序编写

程序编写图见图 5-8。

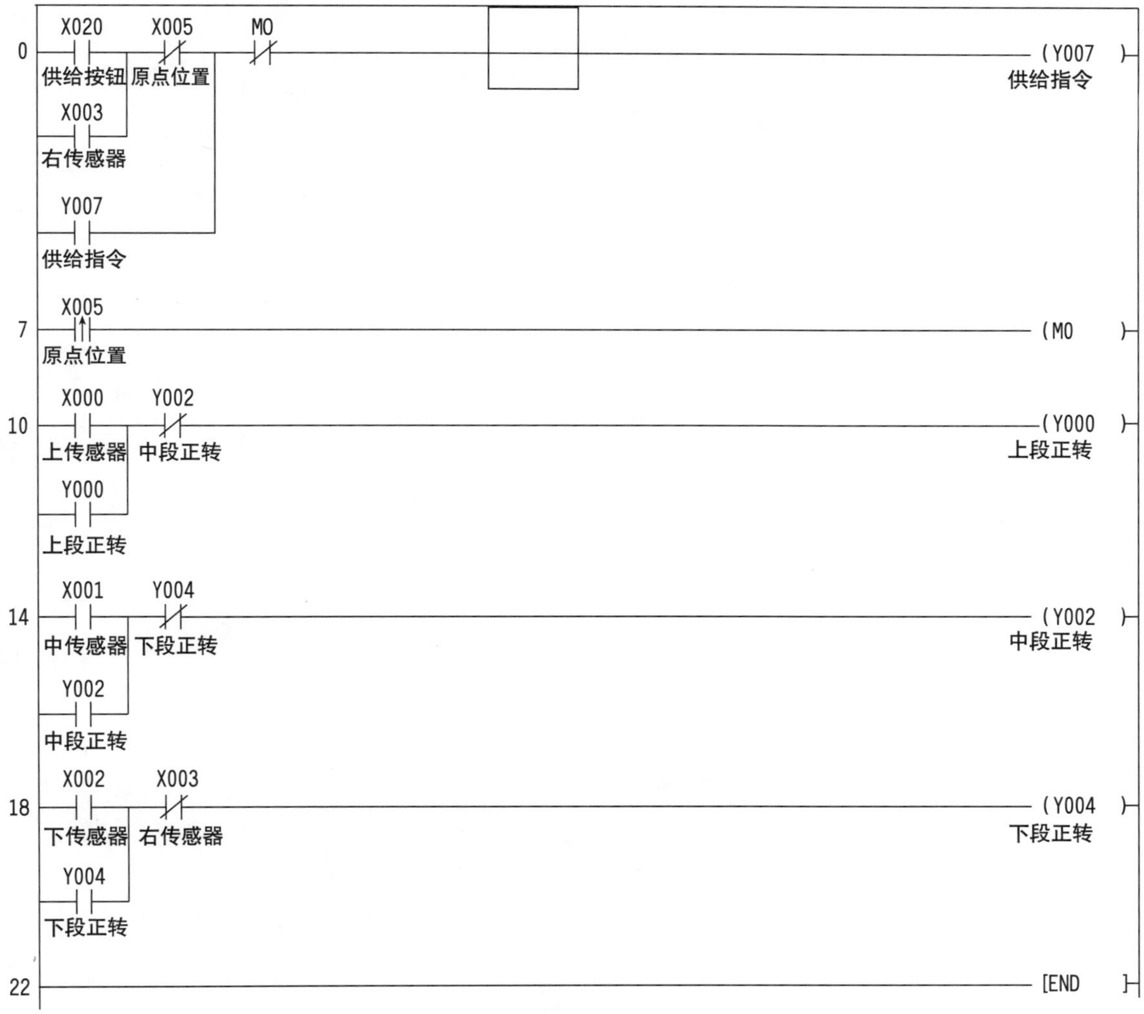

图 5-8　程序编写图

编程总结：

_____

_____

_____

_____

_____

_____

_____

不同尺寸的部件分拣

学习目标

（1）了解可编程控制器电路的设计过程。

（2）熟悉、掌握 PLC 可编程控制器的基本编程。

（3）明确可编程控制器的安全使用与维护意识。

（4）可编程控制器输入点、输出点的理解及接线。

（5）中间继电器的使用。

（6）传送带正反转控制。

（7）传感器的应用还有接线方法。

（8）在实训过程中培养学生的安全、环保意识，学会节约耗材并提高安全操作能力。

（9）培养学生形成良好的学习习惯，提高专业技能水平及职业素养。

教学方法措施

（1）做好学生学习动员工作，提高学习兴趣及主动参与的积极性。

（2）把握好实训节奏及课堂纪律，严格要求学生，上课表现纳入考核成绩。

（3）合理分组，采取组长负责制，奖惩分明，通过先进帮扶后进，共同提高。

（4）进行项目考核，评定成绩，提高学生操作的主观能动性。

（5）布置实训报告内容，要求按时完成，及时对实训进行总结。

（6）在实训过程中灌输"5S"职业素养，提高安全操作意识。

工作任务

（1）当操作面板上的 [SW1]（X24）被置为 ON，传送带前送。当 [SW1]（X24）被置为 OFF，传送带停止。

（2）当按下操作面板上的 [PB1]（X20）时，供给指令（Y0）变为 ON。当机器人从出发点移动后，供给指令（Y0）变为 OFF。（机器人将完成部件转载过程）

（3）机器人补给大、中或小的部件。

大部件被放到后部的传送带上，小部件被放到前部的传送带上。在传送带上的部件大小被输入上部（X1）、中部（X2）和下部（X3）检测出来。图5-9为部分分拣面板，表5-3为I/O分配。

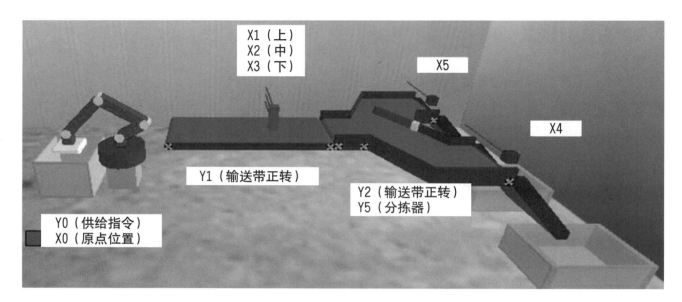

图 5-9　部件分拣面板

表 5-3　I/O 分配

点位	名称	注释	点位	名称	注释
Y0	供给指令	当 Y0 接通时，供给一个部件	Y1	输送带正转	当 Y1 接通时，输送带向前转动
Y2	输送带正转	当 Y2 接通时，输送带向前转动	Y5	分拣器	当 Y5 接通时，向前面移动
X0	原点位置	当机器人在原点位置时接通	X1	上传感器	当检测到部件时接通
X2	中传感器	当检测到部件时接通	X3	下传感器	当检测到部件时接通
X4	传感器	当在右端检测到部件时接通	X5	传感器	当在右端检测到部件时接通

电路接线图

1. 主电路图（图 5-10）

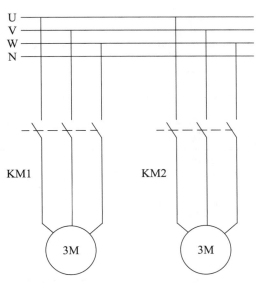

图 5-10　主电路图

2. 控制电路图（图 5-11）

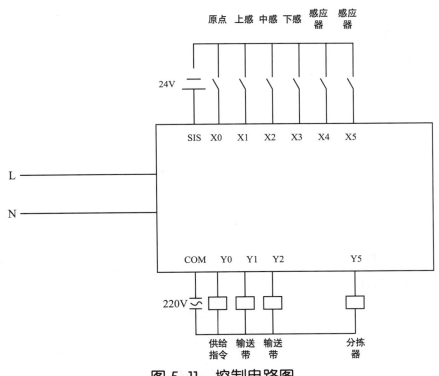

图 5-11　控制电路图

接线总结:

_____

_____

_____

_____

_____

_____

_____

程序编写

程序编写见图 5-12。

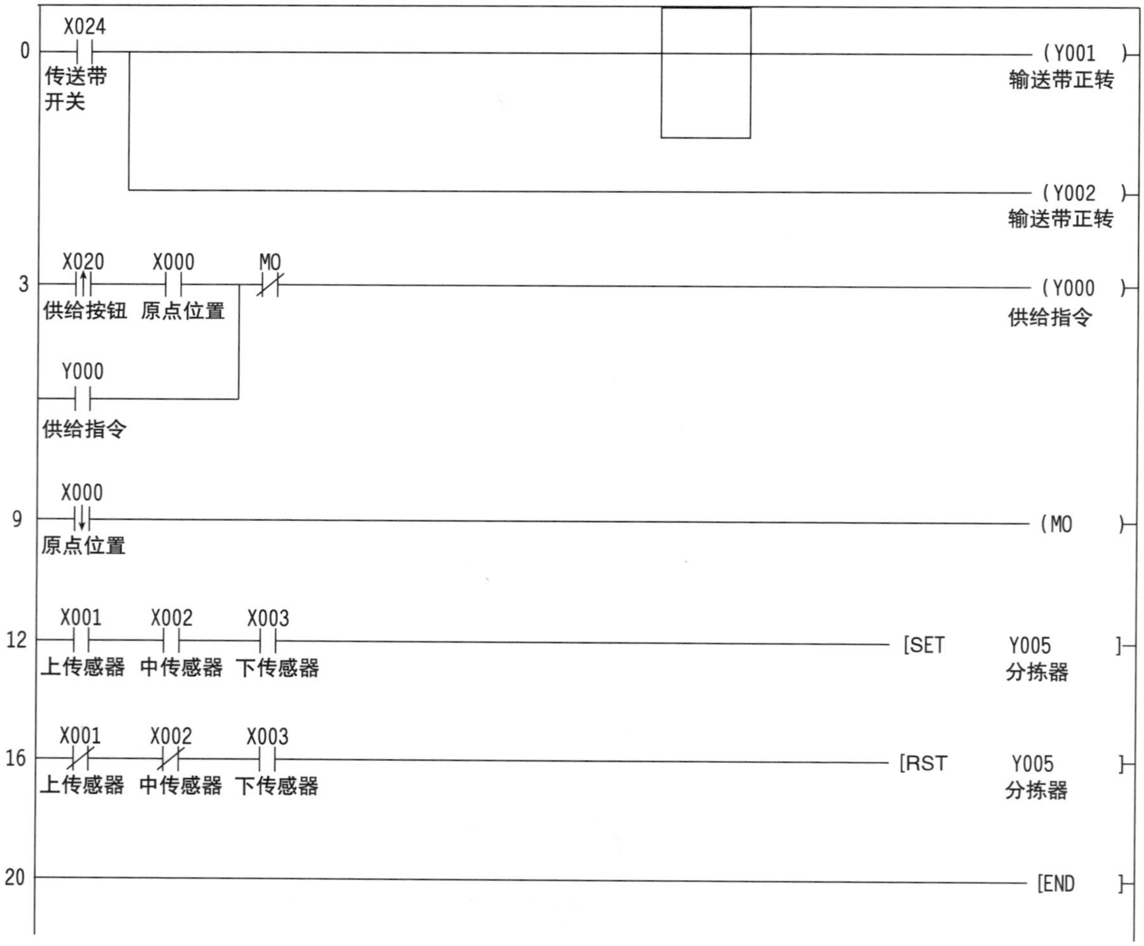

图 5-12 程序编写图

编程总结：

_____

_____

_____

_____

_____

_____

_____

_____

部件供给控制

学习目标

（1）了解可编程控制器电路的设计过程。

（2）熟悉、掌握 PLC 可编程控制器的基本编程。

（3）明确可编程控制器的安全使用与维护意识。

（4）可编程控制器输入点、输出点的理解及接线。

（5）中间继电器的使用。

（6）传送带正反转控制。

（7）传感器的应用还有接线方法。

（8）在实训过程中培养学生的安全、环保意识，学会节约耗材并提高安全操作能力。

（9）培养学生形成良好的学习习惯，提高专业技能水平及职业素养。

教学方法措施

（1）做好学生学习动员工作，提高学习兴趣及主动参与的积极性。

（2）把握好实训节奏及课堂纪律，严格要求学生，上课表现纳入考核成绩。

（3）合理分组，采取组长负责制，奖惩分明，通过先进帮扶后进，共同提高。

（4）进行项目考核，评定成绩，提高学生操作的主观能动性。

（5）布置实训报告内容，要求按时完成，及时对实训进行总结。

（6）在实训过程中灌输"5S"职业素养，提高安全操作意识。

工作任务

（1）当操作面板上 [SW1]（X24）被置为 ON 时，传送带正转。当 [SW1]（X24）为 OFF 时，传送带停止。

（2）当操作面板上的 [PB1]（X20）被按下时，供给指令（Y0）为 ON。供给指令（Y0）在机器人从出发点开始移动时被置为 OFF。当供给指令（Y0）变为 ON 后机器人补给箱子。

橘子控制

（1）当橘子进料器中的箱子在输送带上（X1）的传感器为 ON 时，传送带停止。

（2）5 个橘子被放到箱子里。内有 5 个橘子的箱子被送到右边的碟子上。

（3）当供给橘子指令（Y2）被置为 ON 以后橘子被补给，当橘子已供给（X2）被置为 ON 以后补给计数开始。橘子控制面板见图 5-13，I/O 分配见表 5-4。

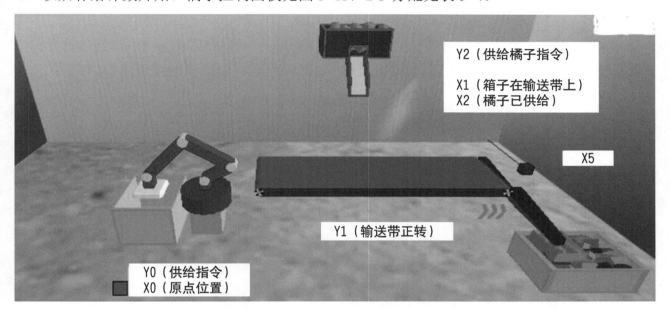

图 5-13　橘子控制面板

表 5-4　I/O 分配

点位	名称	注释	点位	名称	注释
Y0	供给指令	当 Y0 接通时，供给一个部件	Y1	输送带正转	当 Y1 接通时，输送带向前转动
Y2	供给橘子指令	当 Y2 接通时，供给橘子			
X0	原点位置	当机器人在原点位置时接通	X1	箱子在输送带上	当箱子到达橘子送料器下时转动
X2	橘子已供给	当检测到橘子时接通	X5	传感器	当在右侧检测到部件时接通

电路接线图

1. 主电路图（图 5-14）

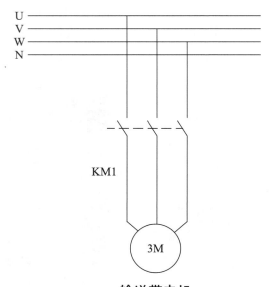

输送带电机

图 5-14 主电路图

2. 控制电路图（图 5-15）

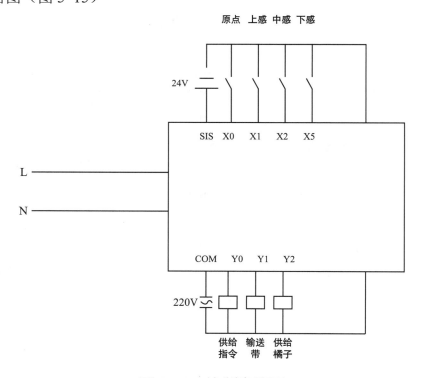

图 5-15 控制电路图

接线总结：

_____

_____

_____

_____

_____

_____

_____

程序编写

程序编写见图 5-16。

图 5-16　程序编写图

编程总结：

_____

_____

_____

_____

_____

_____

_____

_____

控制规格和编程

（1）了解可编程控制器电路的设计过程。

（2）熟悉、掌握 PLC 可编程控制器的基本编程。

（3）明确可编程控制器的安全使用与维护意识。

（4）可编程控制器输入点、输出点的理解及接线。

（5）中间继电器的使用。

（6）传送带正反转控制。

（7）传感器的应用还有接线方法。

（8）在实训过程中培养学生的安全、环保意识，学会节约耗材并提高安全操作能力。

（9）培养学生形成良好的学习习惯，提高专业技能水平及职业素养。

教学方法措施

（1）做好学生学习动员工作，提高学习兴趣及主动参与的积极性。

（2）把握好实训节奏及课堂纪律，严格要求学生，上课表现纳入考核成绩。

（3）合理分组，采取组长负责制，奖惩分明，通过先进帮扶后进，共同提高。

（4）进行项目考核，评定成绩，提高学生操作的主观能动性。

（5）布置实训报告内容，要求按时完成，及时对实训进行总结。

（6）在实训过程中灌输"5S"职业素养，提高安全操作意识。

工作任务

（1）当按下操作面板上的 [PB1]（X20）后，机器人的供给指令（Y0）被置为 ON。

（2）在机器人完成移动部件并返回出发点后供给指令（Y0）被置为 OFF。

（3）当操作面板上的 [SW1]（X24）被置为 ON，传送带正转。若 [SW1]（X24）被置为 OFF，传送带停止。

（4）在传送带上的部件大小被输入传感器上（X1）、中（X2）和下（X3）检测出来并分别放到指定的碟子上。

（5）当推动器上的传感器 检测到部件（X10，X11 或 X12）被置为 ON，传送带停止而且部件被推到碟子上。

注意：当推动器的执行指令被置为 ON，推动器将推到尽头。

当执行指令被置为 OFF，推动器缩回。

（6）不同大小的部件按以下的数目被放到碟子上。剩余的部件会经过推动器而且会从右尽端掉下。见图 5-17、表 5-5。

大：3 个部件

中：2 个部件

小：2 个部件

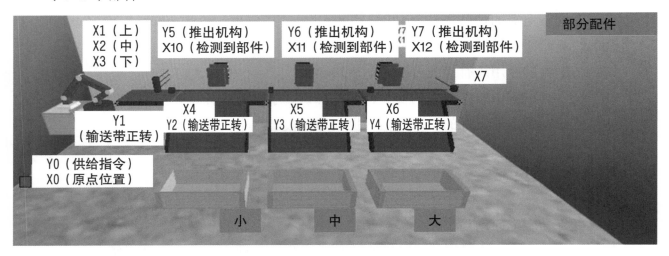

图 5-17　部分配件面板

表 5-5　I/O 分配

点位	名称	注释	点位	名称	注释
Y0	供给指令	当 Y0 接通时，供给一个部件	Y1	输送带正转	当 Y1 接通时，输送带向前转动
Y2	输送带正转	当 Y2 接通时，输送带向前转动	Y3	输送带正转	当 Y3 接通时，输送带向前转动
Y4	输送带正转	Y4 接通时，输送带向前转动	Y5	推出机构	Y5 接通时伸出 Y5 断开时收回
Y6	推出机构	Y6 接通时伸出 Y6 断开时收回	Y7	推出机构	Y7 接通时伸出 Y7 断开时收回

续 表

点位	名称	注释	点位	名称	注释
X0	原点位置	当机器人在原点位置时接通	X1	上传感器	当检测到部件时接通
X2	中传感器	检测到部件接通	X3	下传感器	检测到部件接通
X4	传感器	当在斜坡上检测到部件时接通	X5	传感器	当在斜坡上检测到部件时接通
X6	传感器	当在斜坡上检测到部件时接通	X7	传感器	当在右端检测到部件时接通
X10	检测到部件	当推出机构检测到部件时接通	X11	检测到部件	当推出机构检测到部件时接通
X12	检测到部件	当推出机构检测到部件时接通			

电路接线图

1. 主电路图（图 5-18）

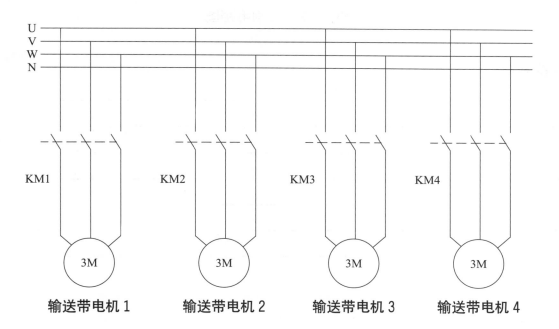

图 5-18 主电路图

2. 控制电路图（图 5-19）

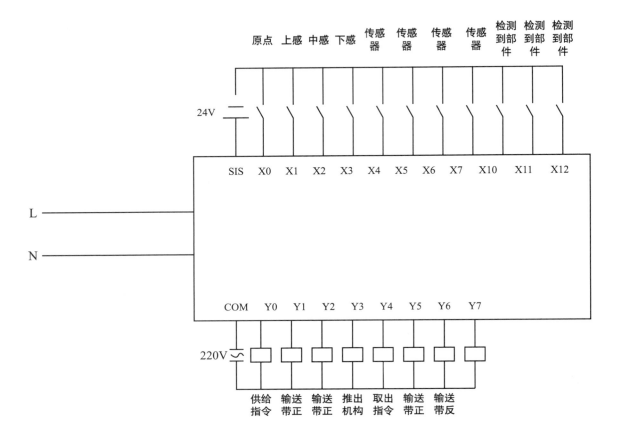

图 5-19   控制电路图

接线总结：

_____

_____

_____

_____

_____

_____

_____

_____

_____

程序编写

程序编写见图 5-20。

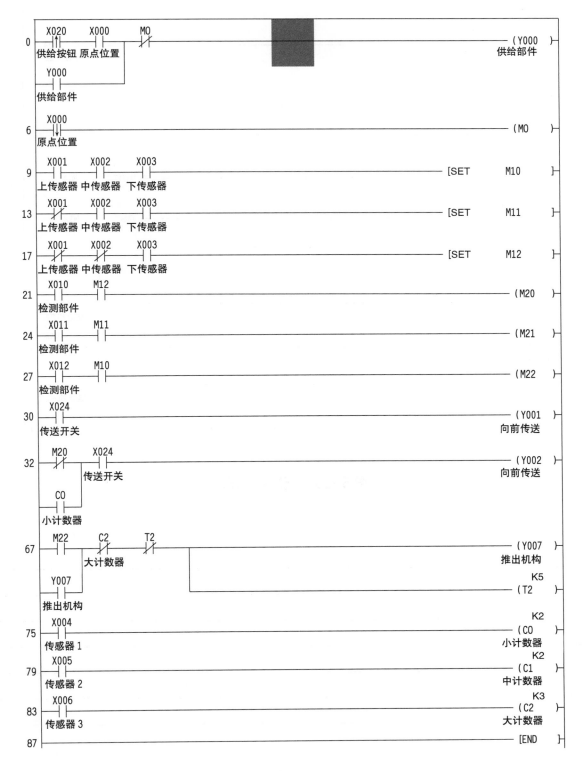

```
        M21    X024                    ┌──────┐                              (Y003    )
36    ──┤/├────┤/├──────                │      │                              向前传送
        传送开关                        └──────┘
        C1
      ──┤├──
        中计数器

        M22    X024                                                          (Y004    )
40    ──┤/├────┤/├──────                                                      向前传送
        传送开关
        C2
      ──┤├──
        大计数器

        X004
44    ──┤├────────────────────────────────────────────[RST      M10    ]
        传感器1
        X005
      ──┤├────────────────────────────────────────────[RST      M11    ]
        传感器2
        X006
      ──┤├──────────────────────────────────────────── RST      M12    ]
        传感器3
        X007
      ──┤├──
        右传感器

        M20    C0     T0                                                      (Y005    )
51    ──┤├────┤/├────┤/├──────────┐                                          推出机构
               小计数器            │
        Y005                      │                                           K5
      ──┤├──                      └──────────────────────────────(T0    )
        推出机构

        M21    C1     T1                                                      (Y006    )
59    ──┤├────┤/├────┤/├──────────┐                                          推出机构
               中计数器            │
        Y006                      │                                           K5
      ──┤├──                      └──────────────────────────────(T1    )
        推出机构
```

图 5-20   程序编写图

编程总结：

_____

_____

_____

_____

_____

_____

_____

_____

不良部件的分拣

学习目标

（1）了解可编程控制器电路的设计过程。

（2）熟悉、掌握 PLC 可编程控制器的基本编程。

（3）明确可编程控制器的安全使用与维护意识。

（4）可编程控制器输入点输出点的理解及接线。

（5）中间继电器的使用。

（6）传送带正反转控制。

（7）传感器的应用还有接线方法。

（8）在实训过程中培养学生的安全、环保意识，学会节约耗材并提高安全操作能力。

（9）培养学生形成良好的学习习惯，提高专业技能水平及职业素养。

教学方法措施

（1）做好学生学习动员工作，提高学习兴趣及主动参与的积极性。

（2）把握好实训节奏及课堂纪律，严格要求学生，上课表现纳入考核成绩。

（3）合理分组，采取组长负责制，奖惩分明，通过先进帮扶后进，共同提高。

（4）进行项目考核，评定成绩，提高学生操作的主观能动性。

（5）布置实训报告内容，要求按时完成，及时对实训进行总结。

（6）在实训过程中灌输"5S"职业素养，提高安全操作意识。

工作任务

（1）当按下操作面板上的 [PB1]（X20）按钮后，漏斗供给指令（Y0）会被置为 ON。当松开 [PB1]（X20）后，供给指令（Y0）被置为 OFF。

当供给指令（Y0）被置为 ON，漏斗补给一个部件。

（2）当在操作面板上的 [SW1]（X24）被置为 ON，传送带正转。

当 [SW1]（X24）被置为 OFF，传送带停止。

钻洞控制

（1）当在钻头内的部件在钻机下（X1）感应器为 ON，传送带停止。

当开始钻孔（Y2）被置为 ON，钻洞开始。

（2）在钻孔（X0）被置为 ON 时，开始钻孔（Y2）被置为 OFF。

当开始钻孔（Y2）被置为 ON，在钻机循环动作了一个完整的周期以后，钻孔正常（X2）或者钻孔异常（X3）被置为 ON。（钻机不能中途停止）在此模拟中，每 3 个部件中有一个是不良品。

（如果一个部件上钻了好几个洞，那么它就是不良品）

（3）当推动器中的检测到部件（X10）检测到一个不良品，传送带停止而推动器将其推到"不良品"的碟子上。

注意：当推动器执行指令被置为 ON，推动器会推到尽头。当执行指令被置为 OFF，推动器缩回到尽头。传送带上的每个好部件会被放到标有"OK"的右端的碟子上。

不良部分的分拣面板见图 5-21，I/O 分配图见表 5-6。

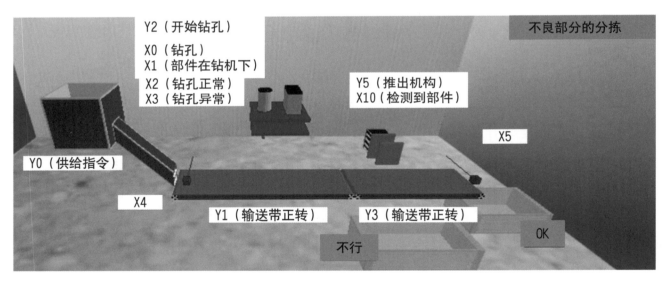

图 5-21　不良部分的分拣面板

表 5-6　I/O 分配

点位	名称	注释	点位	名称	注释
Y0	供给指令	当 Y0 接通时，供给一个部件	Y1	输送带正转	当 Y1 接通时，输送带向前转动
Y2	开始钻孔	当 Y2 接通，开始钻孔	Y3	输送带正转	当 Y3 接通时，输送带向前转动

续　表

点位	名称	注释	点位	名称	注释
Y5	推出机构	当 Y5 接通时，伸出；当 Y5 断开时收回。	X0	钻孔	当钻孔时接通。
X1	部件在钻机下	当输送带上的部件在钻机下	X2	钻孔正常	当钻孔正常时接通，当钻孔异常时断开。
X3	钻孔异常	当钻孔异常时接通，当钻孔正常时断开	X4	传感器	当在左端检测到部件时接通
X5	传感器	当在右端检测到部件时接通	X10	检测到部件	当推出机构检测到部件时接通

电路接线图

1. 主电路图（图 5-22）

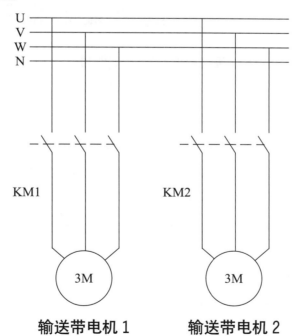

图 5-22　主电路图

2. 控制电路图（图 5-23）

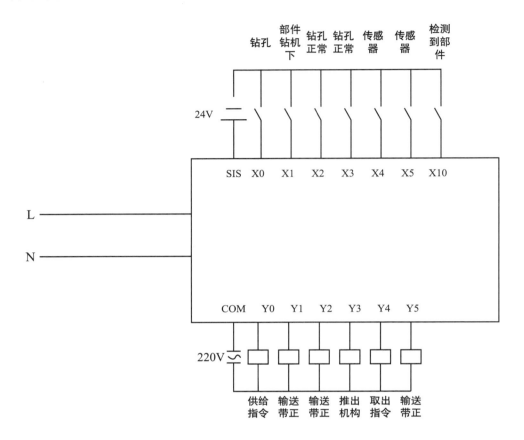

图 5-23　控制电路图

接线总结：

_____

_____

_____

_____

_____

_____

_____

_____

程序编写

程序编写见图 5-24。

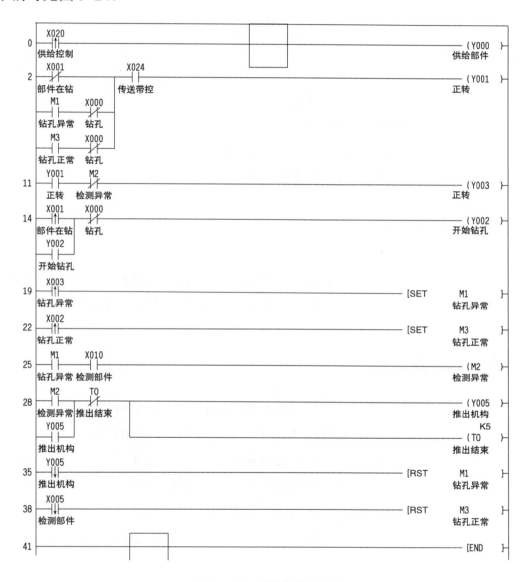

图 5-24　程序编写图

接线总结：

_____

_____

_____

_____

⚙ 正反转控制

📑 学习目标

（1）了解可编程控制器电路的设计过程。

（2）熟悉、掌握 PLC 可编程控制器的基本编程。

（3）明确可编程控制器的安全使用与维护意识。

（4）可编程控制器输入点输出点的理解及接线。

（5）中间继电器的使用。

（6）传送带正反转控制。

（7）传感器的应用还有接线方法。

（8）在实训过程中培养学生的安全、环保意识，学会节约耗材并提高安全操作能力。

（9）培养学生形成良好的学习习惯，提高专业技能水平及职业素养。

📑 教学方法措施

（1）做好学生学习动员工作，提高学习兴趣及主动参与的积极性。

（2）把握好实训节奏及课堂纪律，严格要求学生，上课表现纳入考核成绩。

（3）合理分组，采取组长负责制，奖惩分明，通过先进帮扶后进，共同提高。

（4）进行项目考核，评定成绩，提高学生操作的主观能动性。

（5）布置实训报告内容，要求按时完成，及时对实训进行总结。

（6）在实训过程中灌输"5S"职业素养，提高安全操作意识。

📑 工作任务

（1）当按下操作面板上的 [PB1]（X20）时候，漏斗供给指令（Y0）被置为 ON。当松开 [PB1]（X20）时，供给指令（Y0）被置为 OFF。

当供给指令（Y0）被置为 ON 时，漏斗补给一个部件。

（2）当操作面板上的 [SW1]（X24）被置为 ON 时，传送带正转。

当 [SW1]（X24）被置为 OFF 时，传送带停止。

（3）在传送带上的大、中和小部件被输入传感器上（X1），中（X2）和下（X3）分拣而且将被搬运到特定的碟子上。

- 大部件：被推到下层的传送带并送往右边的碟子上
- 中部件：被机器人移动到碟子上
- 小部件：被推到下层的传送带并被送往左边的碟子上

（4）当传感器（X3）被置为 ON，传送带停止而且一个大部件或是小部件被推到底层的传送带。

（5）当机器人里的部件在桌子上（X5）被置为 ON，取出指令（Y4）被置为 ON。当机器人操作完成（X5）被置为 ON（当一个部件被放到碟子上时为 ON），取出指令（Y4）被置为 OFF。

（6）当操作面板上的 [SW2]（X25）被置为 ON 以后，一个新部件会被自动补给。见图 5-25、表 5-7。

- 当机器人开始带一个中等大小的部件
- 当一个小的或者是大的部件被放到一个碟子上

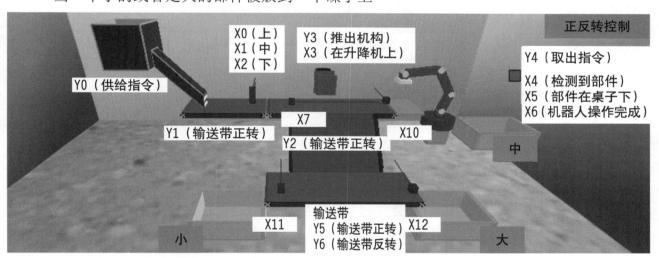

图 5-25　正反控制面板

表 5-7　I/O 分配

点位	名称	注释	点位	名称	注释
Y0	供给指令	当 Y0 接通时，供给一个部件	Y1	输送带正转	当 Y1 接通时，输送带向前转动
Y2	输送带正转	当 Y2 接通时，输送带向前转动	Y3	推出机构	当 Y3 接通时伸出；当 Y3 断开时收回

点位	名称	注释	点位	名称	注释
Y4	取出指令	当 Y4 接通时机器人将部件取出	Y5	输送带正转	当 Y5 接通时，输送带向前转动
Y6	输送带反转	当 Y6 接通时，输送带向后转动			
X0	上传感器	当检测到部件时接通	X1	中传感器	当检测到部件时接通
X2	下传感器	当检测到部件时接通	X3	在升降机上	当部件在升降机上时接通
X4	检测到部件	当推出机构检测到部件时接通	X5	部件在桌子上	当部件在桌子上时接通
X6	机器人操作完成	当部件在盘子中时接通	X7	传感器	当在斜坡检测到部件时接通
X10	传感器	当在右端检测到部件时接通	X11	传感器	当在左端检测到部件时接通
X12	传感器	当在左端检测到部件时接通			

电路接线图

1. 主电路图（图 5-26）

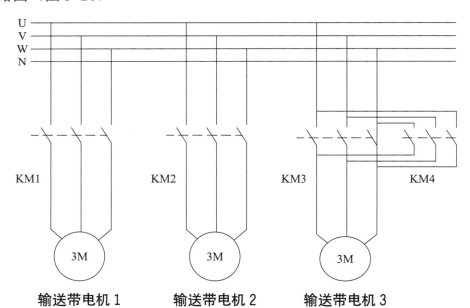

图 5-26　主电路图

2. 控制电路图（图 5-27）

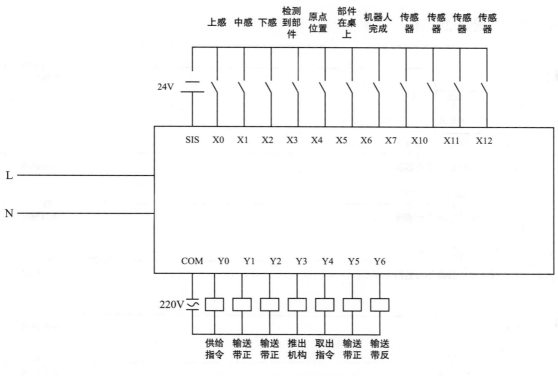

图 5-27　控制电路图

接线总结：

_____

_____

_____

_____

_____

_____

_____

_____

程序编写

程序编写见图 5-28。

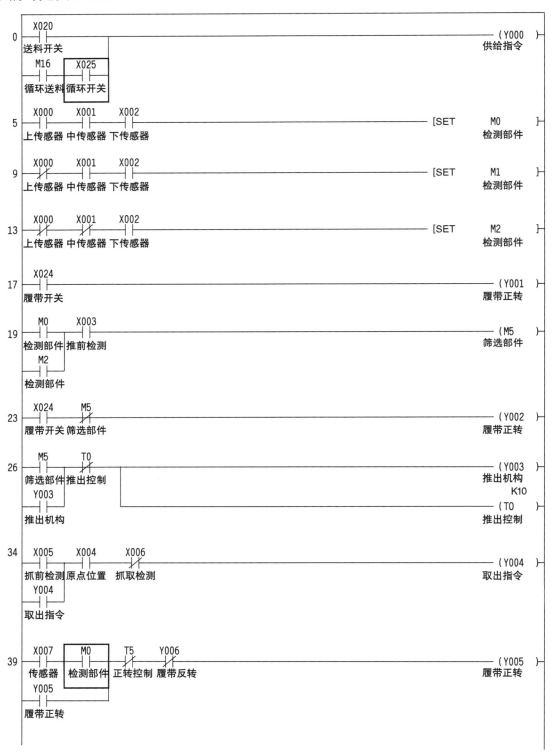

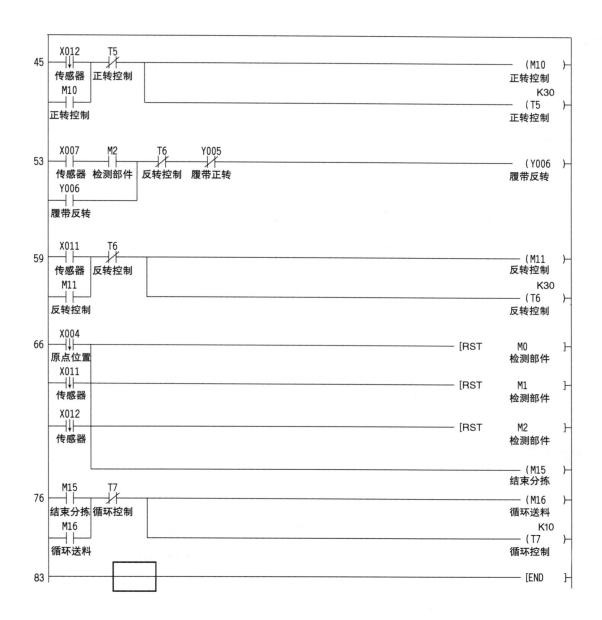

图 5-28　程序编写图

编程总结：

_____

_____

_____

_____

_____

_____

升降机控制

学习目标

（1）了解可编程控制器电路的设计过程。

（2）熟悉、掌握 PLC 可编程控制器的基本编程。

（3）明确可编程控制器的安全使用与维护意识。

（4）可编程控制器输入点输出点的理解及接线。

（5）中间继电器的使用。

（6）传送带正反转控制。

（7）传感器的应用还有接线方法。

（8）在实训过程中培养学生的安全、环保意识，学会节约耗材并提高安全操作能力。

（9）培养学生形成良好的学习习惯，提高专业技能水平及职业素养。

教学方法措施

（1）做好学生学习动员工作，提高学习兴趣及主动参与的积极性。

（2）把握好实训节奏及课堂纪律，严格要求学生，上课表现纳入考核成绩。

（3）合理分组，采取组长负责制，奖惩分明，通过先进帮扶后进，共同提高。

（4）进行项目考核，评定成绩，提高学生操作的主观能动性。

（5）布置实训报告内容，要求按时完成，及时对实训进行总结。

（6）在实训过程中灌输"5S"职业素养，提高安全操作意识。

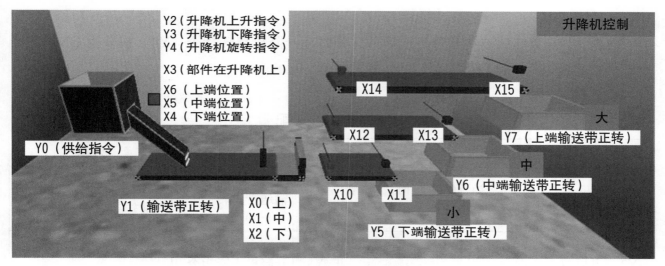

图 5-29　升降机控制面板

（1）当按下操作面板上的 [PB1]（X20）时，漏斗供给指令（Y0）被置为 ON。当松开 [PB1]（X20）时，供给指令（Y0）被置为 OFF。见图 5-29、表 5-8。

当供给指令（Y0）被置为 ON，漏斗补给一个部件。

（2）当操作面板上的 [SW1]（X24）被置为 ON 时，传送带正转。

当 [SW1]（X24）被置为 OFF 时，传送带停止。

（3）当传送带的左边传感器 X10、X12 或者 X14 检测到一个部件，相应的传送带被置为 ON 而且把它放到右端的碟子上。传送带在一个部件经过传送带右边的传感器 X11、X13 或者 X15 时，停止 3S。

在传送带上的大、中和小部件被输入传感器上（X0）、中（X1）和下（X2）分拣。

升降机控制

（1）当升降机中的传感器部件在升降机上（X3）被置为 ON，一个部件根据大小被送往以下的传送带。

- 大部件：上部的传送带
- 中部件：中部的传送带
- 小部件：下层的传送带

（2）升降机上升指令（Y2）和升降机下降指令（Y3）根据以下传感器检测到的升降机位置被控制。

- 上部：X6
- 中部：X5
- 下部：X4

（3）当一个部件被从升降机送到传送带时，升降机旋转指令（Y4）被置为ON。在一个部件被传送以后，升降机回到初始位置并待命。

表 5-8　I/O 分配

点位	名称	注释	点位	名称	注释
Y0	供给指令	当 Y0 接通时，供给一个部件	Y1	输送带正转	当 Y1 接通时，输送带向前转动
Y2	升降机上升指令	当 Y2 接通时，升降机上升	Y3	升降机下降指令	当 Y3 接通时，升降机下降
Y4	升降机旋转指令	当 Y4 接通时，升降机旋转	Y5	下端输送带正转	当 Y5 接通时，输送带向前转动
Y6	中端输送带正转	当 Y6 接通时，输送带向前转动	Y7	上端输送带正转	当 Y7 接通时，输送带向前转动
X0	上传感器	当检测到部件时接通	X1	中传感器	当检测到部件时接通
X2	下传感器	当检测到部件时接通	X3	部件在升降机上	当部件在升降机上时接通
X4	下端位置	当升降机在下端位置时接通	X5	中端位置	当升降机在中端位置时接通
X6	上端位置	当升降机在上端位置时接通	X10	下左检测	当在下左端检测到部件时接通
X11	下右检测	在下右端检测到部件时接通	X12	中左检测	在中左端检测到部件时接通

点位	名称	注释	点位	名称	注释
X13	中右检测	在中右端检测到部件时接通	X14	上左检测	当在上左端检测到部件时接通
X15	上右检测	在上右端检测到部件时接通			

电路接线图

1. 主电路图（图5-30）

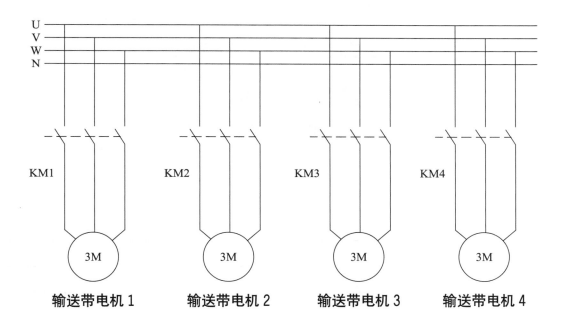

图5-30 主电路图

2. 控制电路图（图 5-31）

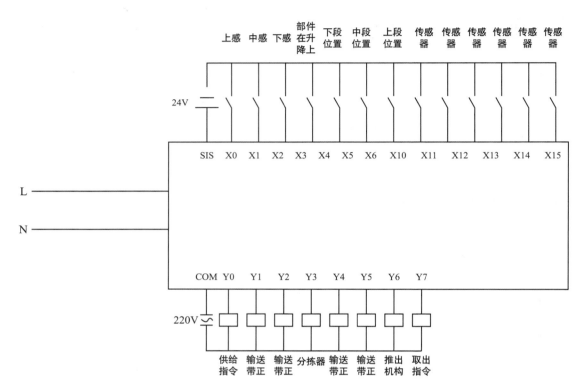

图 5-31　控制电路图

接线总结：

_____

_____

_____

_____

_____

_____

_____

_____

程序编写

程序编写见图 5-32。

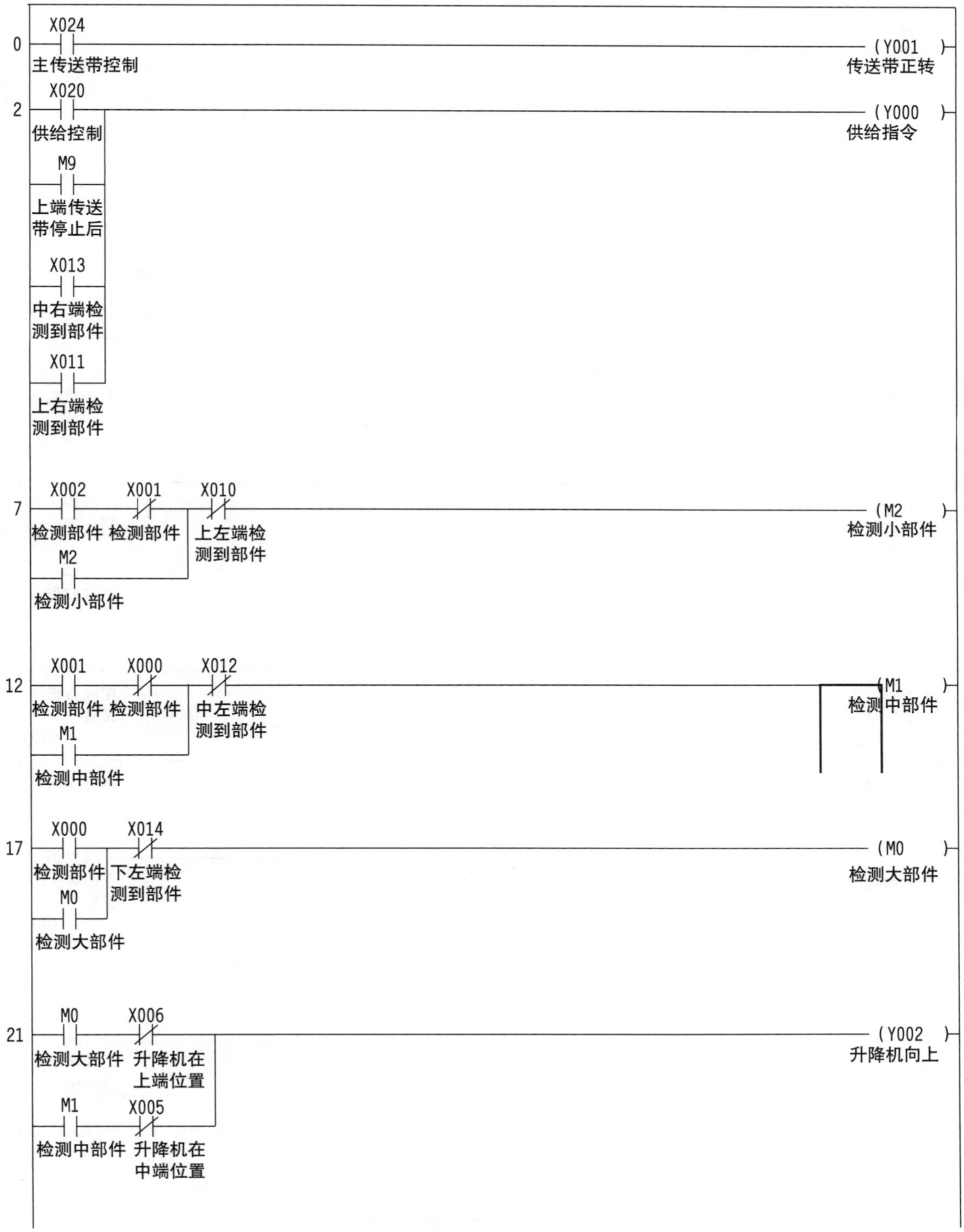

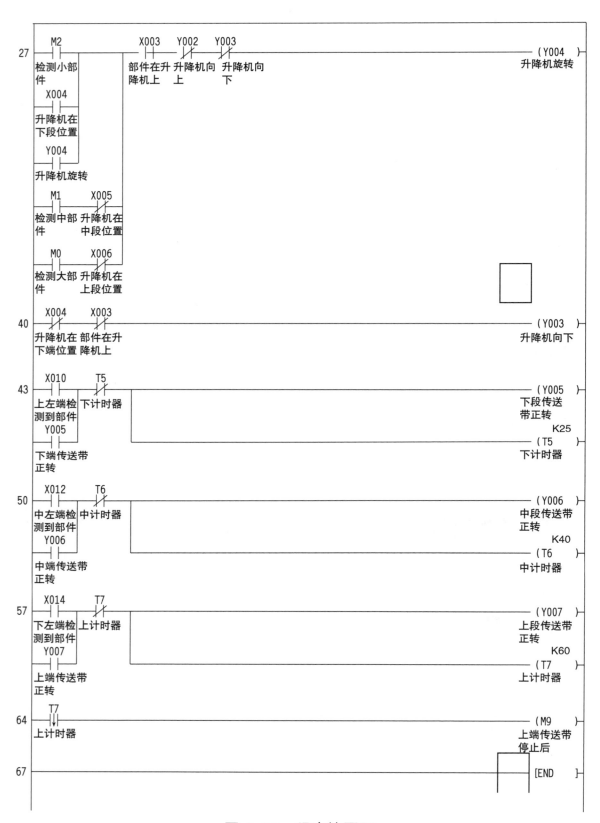

图 5-32　程序编写图

接线总结：

_____

_____

_____

_____

_____

_____

_____

⚙ 分拣和分配线

📌 学习目标

（1）了解可编程控制器电路的设计过程。

（2）熟悉、掌握 PLC 可编程控制器的基本编程。

（3）明确可编程控制器的安全使用与维护意识。

（4）可编程控制器输入点输出点的理解及接线。

（5）中间继电器的使用。

（6）传送带正反转控制。

（7）传感器的应用还有接线方法。

（8）在实训过程中培养学生的安全、环保意识，学会节约耗材并提高安全操作能力。

（9）培养学生形成良好的学习习惯，提高专业技能水平及职业素养。

📌 教学方法措施

（1）做好学生学习动员工作，提高学习兴趣及主动参与的积极性。

（2）把握好实训节奏及课堂纪律，严格要求学生，上课表现纳入考核成绩。

（3）合理分组，采取组长负责制，奖惩分明，通过先进帮扶后进，共同提高。

（4）进行项目考核，评定成绩，提高学生操作的主观能动性。

（5）布置实训报告内容，要求按时完成，及时对实训进行总结。

（6）在实训过程中灌输"5S"职业素养，提高安全操作意识。

工作任务

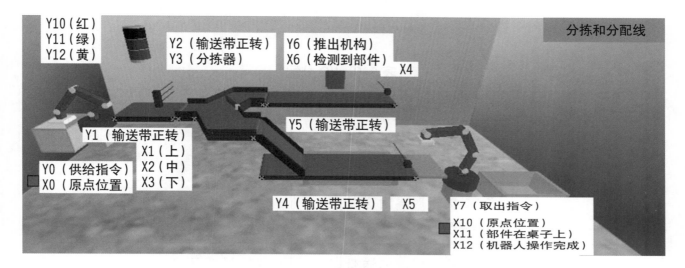

图 5-33 分拣和分配线面板

（1）当按下操作面板上的 [PB1]（X20），机器人的供给指令（Y0）被置为 ON。

当机器人移动完部件而且回到出发点后，供给指令（Y0）被置为 OFF。

机器人在供给指令（Y0）被置为 ON 以后补给一个部件。

（2）当操作面板上的 [SW1]（X24）被置为 ON，传送带正转。

当 [SW1]（X24）被置为 OFF，传送带停止。

（3）在传送带上的大，中和小部件被输入传感器上（X1），中（X2）和下（X3）分拣而且将被搬运到特定的碟子上。

• 大部件：在传送带分支的分拣器（Y3）被置为 ON 的时候被放到后部传送带然后从右端落下。

• 中部件：在传送带分支的分拣器（Y3）被置为 OFF 的时候被放到前面传送带然后被机器人放到碟子上。

• 小部件：在传送带分支的分拣器（Y3）被置为 ON 的时候被放到后部传送带。当在传送带分支的传感器检测到部件（X6）被置为 ON，传送带停止，部件被推到碟子上。

（4）当机器人里的部件在桌子上（X11）被置为 ON，取出指令（Y7）被置为 ON。当机器人操作完成（X12）被置为 ON（当一个部件被放到碟子上时为 ON），取出指令（Y7）被置为 OFF。当操作面板上的 [SW2]（X25）被置为 ON 以后，一个新部件会被自动补给。

（5）当机器人开始搬运一个中部件。

当一个小部件被放到碟子上，或者一个大部件从传送带的右端掉下。

闪烁灯在以下情况下点亮。

（6）红灯：当机器人补给一个部件时点亮。

见图 5-33、表 5-9。

表 5-9　I/O 分配

点位	名称	注释	点位	名称	注释
Y0	供给指令	当 Y0 接通时，供给一个部件	Y1	输送带正转	当 Y1 接通时，输送带向前转动
Y2	输送带正转	当 Y2 接通时，输送带向前转动	Y3	分拣器	当 Y3 接通时，向前面移动
Y4	输送带正转	当 Y4 接通时，输送带向前转动	Y5	下端输送带正转	当 Y5 接通时，输送带向前转动
Y6	推出机构	当 Y6 接通时，伸出；当 Y6 断开时收回	Y7	取出指令	当 Y7 接通时机器人将部件取出
Y10	红灯	当 Y10 接通时亮	Y11	绿灯	当 Y11 接通时亮
Y12	黄灯	当 Y12 接通时亮	X0	原点位置	当机器人在原点位置时接通
X1	上传感器	当检测到部件时接通	X2	中传感器	当检测到部件时接通
X3	下传感器	当检测到部件时接通	X4	传感器	当在右端检测到部件时接通
X5	传感器	当在右端检测到部件时接通	X6	检测到部件	当推出机构检测到部件时接通
X10	原点位置	当取出机器人在原点位置接通	X11	部件在桌子上	当部件在桌子上时接通
X12	机器人操作完成	当部件在盘子中时接通			

电路接线图

1. 主电路图（图 5-34）

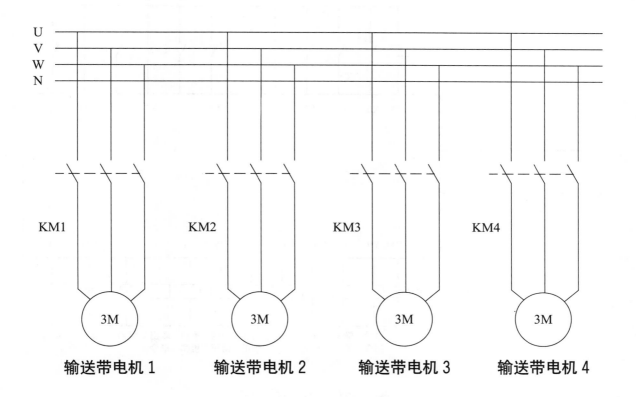

图 5-34 主电路图

2. 控制电路图（图5-35）

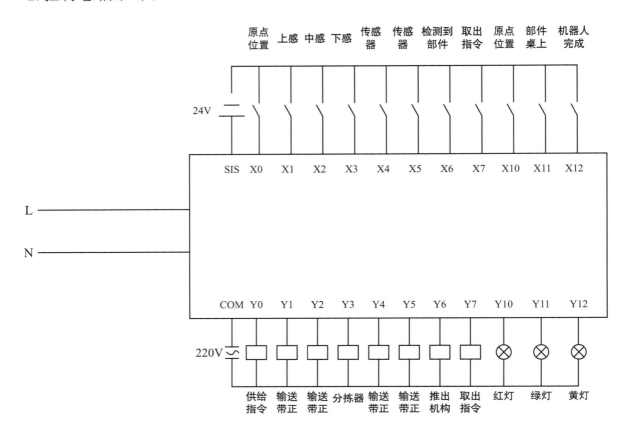

图 5-35　控制电路图

接线总结：

_____
_____
_____
_____
_____
_____
_____
_____

程序编写

程序编写见图 5-36。

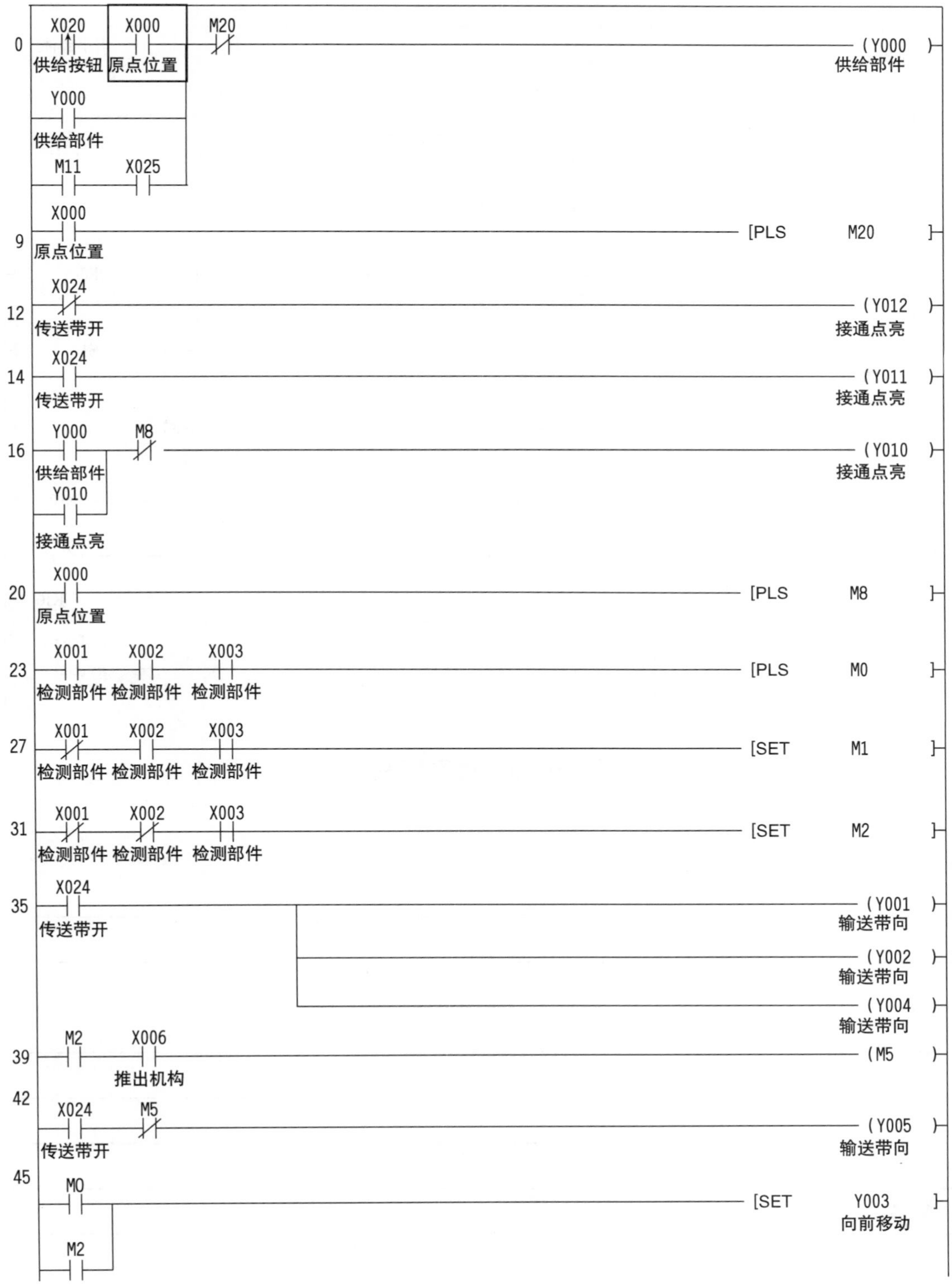

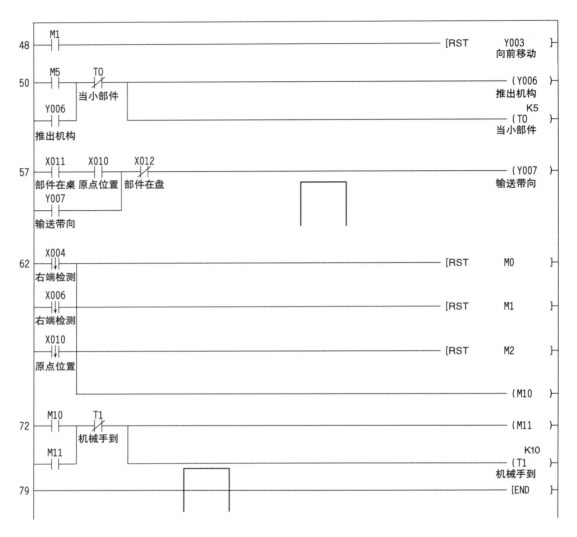

图 5-36　程序编写图

接线总结：

_____

_____

_____

_____

_____

_____

_____

_____

附 录

示教器故障代码说明

序号	故障说明	原因	解决对策
1	急停/伺服未使能等报警信息显示"未知报警"	usralmdef.txt 和 alarmdef.txt 文件丢失	拷贝丢失文件到以下 mnt/Sdcard/Machand/DATA
2	示教器网络状态显示"●"	示教器与IPC控制通信水晶头接触不良或未插牢固；IP地址未设置正确	IP地址：192.168.1.25 Netmask 子网掩码：255.255.255.0 Gatewayaddress（网关）：192.168.1.1
3	J1轴～J6轴超过"正向软极限"或者"反向软极限"	手动或自动操作时超过了轴参数中：正向软限位和反向软限位设定值	增大轴参数中正向软限位和反向软限位设定值；J1轴参数号：60060/60061 J2轴参数号：60360/60361 J3轴参数号：60660/60661 J4轴参数号：60960/60961 J5轴参数号：61260/61261 J6轴参数号：61560/61561 修改自动程序中点位位置
4	J1轴～J6轴"超速报警"	电机运转速度超过轴参数中电机最大转速设定值，默认设定值为3000 r/min	增大轴参数中"电机最大转速"设定值：J1轴参数号：60081 J2轴参数号：60381 J3轴参数号：60681 J4轴参数号：60981 J5轴参数号：61281 J6轴参数号：61581
5	"急停报警"信息	示教器"急停按钮"和电柜"急停按钮"按下	旋起2个急停按钮，并确认机器人I/O盒X0.0和X0.2有输入信号
6	加载程序时，点击"启动"按钮运行程序，显示"伺服未使能"信息	电柜"伺服使能"按钮未按下	按一下黄色"伺服使能按钮"，并且按钮上的黄色指示灯点亮
7	加载程序时，显示"加载程序失败"信息	程序名为中文	修改程序名，以英文字符和数字构成

续 表

序号	故障说明	原因	解决对策
8	J1 轴～J6 轴"跟踪误差过大报警"	机器人高速运转时，NCUC 总线系统指令给定和实际反馈存在滞后出厂设定值：50	增大轴参数中"跟踪误差允许值" J1 轴参数号：60050 J2 轴参数号：60350 J3 轴参数号：60650 J4 轴参数号：60950 J5 轴参数号：61250 J6 轴参数号：61550
9	无报警情况下，示教器手动画面控制某个轴电机不运转	J1 轴～J6 轴某个轴被屏蔽	确认"组参数"中某个轴电机是否屏蔽： J1 轴参数号：300101 J2 轴参数号：300112 J3 轴参数号：300123 J4 轴参数号：300134 J5 轴参数号：300145 J6 轴参数号：300156
10	示教器显示"程序启动参数越界"报警信息	点击"指定行"，运行起始行中输入数值超过程序的最大行数	修改运行起始行的数值
11	示教器显示"数据类型不一致"报警信息	位置寄存器 PR 指令操作数类型不一致，应统一为关节位置或直角坐标位置	修改位置寄存器 PR 的数据类型
12	输出信号 Y 不能强制输出	输出信号解锁按钮处于"关"状态	打开解锁按钮，再进行强制输出操作
13	示教器显示"子程序嵌套层次过多"报警信息	用户编写程序时，嵌套调用超过 10 层	修改程序编写架构

常见驱动器报警代码处理

报警代码	报警名称	运行状态	原因	处理方法
1	主电路欠压	开机时出现	1. 电路板故障 2. 软启动电路故障 3. 整流桥损坏	换伺服驱动器
		电机运行过程中出现	1. 电源容量不够 2. 瞬时掉电	检测电源
9	系统软件过热		1. 电机堵转 2. 电机动力线相序是否正确 3. 电机动力线是否连接牢固	1. 检查电机相序是否正确 2. 检查编码器线是否有断线或松动 3. 检查电机负载是否过大 4. 检查驱动器参数是否正确
11	系统超速	电机运行过程中出现	输入指令脉冲频率过高	1. 正确设定输入指令脉冲 2. 检查 PA17 号参数设置是否正确
		电机刚启动时出现	驱动器参数设置与所使用的电机及编码器型号不匹配	检查 PA24、PA25、PA26 设置是否正确
			负载惯量过大	1. 减小负载惯量 2. 换更大功率的驱动器和和电机
			编码器零点错误	1. 换伺服电机 2. 调整编码器零点
			电机动力线相序错误	确认动力线相序

报警代码	报警名称	运行状态	原因	处理方法
12	跟踪误差过大	开机，通过总线输入位置脉冲指令，电机不转动	驱动器参数设置与所使用的电机及编码器型号不匹配	检查 PA24、PA25、PA26 设置是否正确
			1.电机动力线相序引线接错 2.编码器电缆引线接错	正确接线
		电机运行过程中出现	设定位置超差检测范围大小	增加位置超差检测范围
			位置比例增益太小	增大 PA0 参数
			转矩不足	1.检查转矩限制值 2.减小负载容量 3.更换大功率的驱动器和电机
13	电机过载	开机过程中出现	电路板故障	换伺服驱动器
		开机，通过总线输入位置脉冲指令，电机不转动	驱动器参数设置与所使用的电机及编码器型号不匹配	检查 PA24、PA25、PA26 设置是否正确
			1.电机动力线相序接错 2.编码器电缆引线接错	正确接线
			电机抱闸没有打开	检查电机抱闸
			转矩不足	1.检查 PA18、PA19、PB42 设置是否正确 2.减小负载容量 3.更换大功率的驱动器和电机

続表

报警代码	报警名称	运行状态	原因	处理方法
25	NCUC 通信链路断开错误	开机或运行过程中出现	1. 总线通信断开或不正常 2. 复位驱动单元或系统	
26	电机编码器信号通信故障	开机过程中出现	1. 绝对式编码器通信故障 2. 编码器线缆是否正常连接	1. 检查编码器线 2. 检查电机编码器与驱动器编码器类型是否一致 3. 检查 PA25 参数设置与所用电机编码器是否一致
			编码器坏	更换电机
		运行过程中出现	编码器连接不正常	检查编码器线
			编码器坏	更换电机
34	编码器电池电压低警告	开机过程中出现	电池电压低，或未安装电池	